普惠金融与"三农"经济研究系列丛书

普惠金融改革试验区：
理论与实践

张沁岚　著

中国农业出版社

北　京

基金资助：

广东省财政专项资金项目"普惠金融与三农经济研究"
（GDZXZJSCAU 202054）

国家社会科学基金重大项目"乡村振兴与深化农村土地制度改革研究"（19ZDA115）

序　言

　　金融是现代经济的核心。金融业的规模经济性和空间聚焦性容易导致金融发展的不平衡不充分问题。特别是，空间分散和稀薄市场等因素的高交易成本等因素，会从广度、宽度和深度等方面，不利于农村金融市场的发展。农民，尤其是小农，容易遭遇到金融排斥和信贷配给等问题，而且农民的认知偏差和较低的金融素养，会使问题变得更为严峻。数字技术和数字经济快速发展带来的数字金融，在一定程度上降低了信息成本和交易成本，在促进长尾市场发展的同时，也在很大程度上促进了农村金融市场的发展。数字鸿沟的存在，也使得农村金融市场发展面临着较大的困难。相应地，特别对发展中国家的农村地区来说，普惠金融是一个世界性难题。作为人口最多的发展中国家，中国也一样面临着较大的城乡金融发展不平衡问题，普惠金融也由此变得非常重要。

　　广东是中国第一经济强省，同时也是区域差距和城乡差距较大的省份。在金融领域，广东的区域差距和城乡差距也是比较大的。对改革开放前沿阵地的广东来说，在通过普惠金融助推乡村振兴并实现现代化方面，承担着重要责任和使命。这既是国家对广东的要求，也是广东农村高质量发展的需要。当前，广东正在以习近平新时代社会主义思想为指引，谋划"十四五"发展规划。其中，发展普惠金融，也是重要的一环。广东省委、省政府一直高度重视普惠金融，广东的普惠金融发展也取得了较大的进展，探索了不少颇有成效的经验模式。不过，普惠金融的发展是一个系统工程、是一个动态过程。对广东来说，普惠金融的发展还面临着不少亟待解决的问题，还存在一些需要克服的困难。

通过普惠金融，解决广东金融发展的不平衡和不充分问题，不但关系到广东金融业的可持续发展，也关系到广东乡村振兴战略的顺利实现，更是关系到广东现代化建设目标的如期实现。研究广东普惠金融的规律、总结其经验，发现问题并提出方案，是摆在社会各界特别是学术界面前的一项历史使命。要完成这项使命，高校责无旁贷。就发展普惠金融而言，华南农业大学应该发挥它的重要作用。依托金融学广东省特色重大学科、广东省金融大数据分析重点实验室、金融学学术和专业硕士授权点、金融学国家一流专业建设点等平台，华南农业大学金融学学科，在普惠金融的学术研究、人才培养和社会服务等方面，一直发挥着重要作用；为广东农村金融和普惠金融的发展，做出了不可替代的贡献。

华南农业大学金融学学科（专业）的发展，长期以来得到了广东省委、省政府的大力支持。随着乡村振兴战略的深入推进，广东加大了对华南农业大学的支持力度。2020 年，在广东省人民政府张新副省长的关心和指导下，华南农业大学成立了普惠金融与"三农"经济研究院。成立该机构的宗旨主要是：加强普惠金融的学术研究、人才培养和社会服务，探索广东普惠金融的发展道路、实践模式及其所需要的政策支撑体系；通过普惠金融的发展，助推广东乡村振兴战略和粤港澳大湾区战略，促进广东更平衡更充分的发展。根据广东经济和金融发展的特点，我们把研究方向聚焦于普惠金融、数字金融、农村产权抵押融资等领域。为了使社会各界了解广东普惠金融在理论、实践和政策等方面的状况，促进广东普惠金融事业的发展，我们计划出版系列丛书。

本书的出版，得到了很多人的大力支持。在此，特别感谢广东省人民政府张新副省长、广东省地方金融监督管理局童士清副局长、华南农业大学刘雅红校长、华南农业大学仇荣亮副校长、华南农业大学科研院社科处原处长谭砚文教授、黄亚月副处长，华南农业大学普惠金融与"三农"经济研究院姜美善教授等团队负责人、彭东慧等骨干成员、华南农业大学徐俊丽、李德力等博士研究生、华南农业大学郭金海和何海彬等硕士研究生，以及广东金融学院华南创新金融研究院金山副教授、暨南大学博士研究生秦嫣然等。当然，也要感谢广东省财政专项资金（粤财金 202054 号文件）对本系列丛书的资金支持。

　　华南农业大学经济管理学院
　　华南农业大学普惠金融与"三农"经济研究院　　　　　米运生

前　言

　　党的十九大报告指出：中国特色社会主义进入新时代，我国社会主要矛盾已经转化为人民日益增长的美好生活需要和不平衡、不充分的发展之间的矛盾。不平衡、不充分的问题存在于各个领域。作为现代经济的核心，我国的金融部门也一样存在发展不平衡、不充分的问题。同时，中国的金融发展不平衡，是与城乡发展不平衡、区域发展不平衡问题联系在一起的。

　　金融是现代经济的核心。经济发展阶段越高，金融的重要性越强。但是，金融的规模经济性、地理聚集性、知识与技术密集性，也易于带来金融排斥、信贷配给等相关问题。由此，金融发展的宽度、广度、深度等，都会受到消极影响。特别是，考虑到空间分散、信息碎片化、产业弱质性等因素，农村地区更容易受到影响。基于金融参与对资本形成、平滑消费乃至于个人全面发展的重要性，发展普惠金融便显得非常重要。普惠金融体现在地区、主体等各个层面。

　　就中国来说，普惠金融的重点是经济社会发展相对滞后的农村地区和中西部地区。为了在区域、城乡层面上统筹金融的发展，作为发展普惠金融的一项重要措施，中国推行了"国家普惠金融改革试验区"政策。相对于其他国家来说，这是一个新的改革尝试。在理念、政策思路上，中国模式在遵循普遍规律的基础上，有自己的创新。相应地，在政策效果方面，中国模式也理应是较好的。

　　本书在总结普惠金融理论演变的基础上，介绍了孟加拉国、印度、日本等典型国家的经验，重点分析了中国普惠金融改革在理念、理论和政策思路方面的创新。进而，在介绍总结中国普惠金融改革试验区成立背景的基础上，分析了试验区的相关政策、效果、存在问题和深化改革的思路。

　　本书主要观点有如下几点。①中国共产党"以人民为中心"的执政目标、社会主义公有制的生产关系所内含的"公平"价值观，是中国普惠金融事业发展的根本性保障。②中国的普惠金融事业发展，坚持以人为本，是中国包容式增长模式在金融领域的体现。③中国普惠金融发展的基本经验是：基于区域经济和农村经济发展阶段的客观判断，始终把发展经济作为基础，通过经济发展来促进金融发展；始终把一般金融的发展视为基础，在发展一般金融的基础上促进普惠金融的发展；在具体的政策方面，一方面重视国家的顶层设计和政策指导，另一方面充分重视政策的因地制宜和发挥各方面主体的积极性。④尽管改革的时间比较短，但国家普惠金融改革试验区，从广度、深度等各方面，促进了农村金融发展，促进了试验区经济与金融的协调发展；普惠金融试验区的改革，成为助推乡村振兴战略的有利手段。为了更好地发展普惠金融，需要在如下几个方面深化改革：总结经验，在扩大对内对外开放、下放审批权、加强金融教育、完善征信体系、加强金融基础设施建设（特别是数字技术的基础设施）等方面，深化试验区的普惠金融改革；逐渐扩大改革的试点范围，使普惠金融试验区的改革在更大范围内促进金融发展以及区域和城乡的协调发展。

目　　录

1　普惠金融的理论与政策演变 //////////////

1.1　普惠金融的理论演变

1.1.1　金融排斥理论

对金融排斥问题的研究，最早始于 20 世纪 50 年代，罗纳德·麦金农与爱德华·肖在研究发展中国家二元经济结构问题时最早发现了金融排斥现象。他们指出，在一些尚未被金融体系覆盖的经济落后地区，有大量企业或家庭缺少足够的途径或方式接近金融机构，以及在利用金融产品和金融服务方面存在诸多困难与障碍（Sherman，2004）。1993 年，英国金融地理学家 Leyshon 和 Thrift 正式提出金融排斥概念，将其定义为贫困阶层和社会弱势群体由于远离金融服务机构及其分支机构而被排斥在主流金融服务之外。随着研究的深入，金融排斥的内涵被不断外延和扩展，FSA 等（2000）将金融排斥拓展为社会排斥的一个子集，认为受到金融排斥的群体往往也无法获得其他关键性的社会资源，并失去许多重要的发展机会，比如获得更好的投资、教育、医疗以及社会保障等，进而产生综合性排斥。

在现有研究中，一般把金融排斥分为六种类型：地理排斥、条件排斥、评估排斥、价格排斥、营销排斥以及自我排斥。其中，地理排斥指因营业网点、ATM 机分布不足等原因，无法就近获得金融服务，不得不依赖于距离较远的金融中介机构；条件排斥与金融产品设置的苛刻条件有关，那些担保抵押不足、收入低下、信用评级困难的人群更容易被排除在外；评估排斥指金融机构借助严格的风险评估手段，将部分客户合理的金融需求拒之门外；价格排斥和营销排斥分别反映了金融机构通过不合理的产品定价手段和差异性营销方案，忽视了弱势群体对正常金融服务的需求；自我排斥则是指居民对金融服务有需求，但因曾经在申请金融产品时被拒绝或听说很难获得，或对金融产品不了解等原因主动放弃申请。可以看出，金融排斥是需求和供给双方共同作用的结果。对金融机构来说，它们更偏爱信用品质较佳的客户，并针对这部分客户不断开发、细化金融产品和服务，但这些产品和服务并不适合贫困阶层的需求。对需求方来说，贫困居民因为金融素养不足、不愉快的金融经历等，更容易放弃申请使用金融产品，从而造成金融排斥。

众多研究表明，金融排斥在世界范围内普遍存在。根据世界银行金融包容性指数（Findex）数据，2017 年全世界依然有 31％的成年人口没有银行账户，在发展中国家，女性人口和贫困人口的账户拥有率更低。从宏观层面看，金融排斥会对一个区域的经济社会发展带来诸多影响，在受排斥程度高的地区，经济增长、减贫脱贫、收入分配改善等许多发展指标均停滞不前（Leyshon 和 Thrift，1995），而且随着排斥程度不断加深，连锁的经济社会问题也会更严重（Gardener et al.，2004）。从微观层面看，因缺乏必要的储蓄、贷款、汇款等基本金融服务，金融排斥严重影响了受排斥群体收入水平和生活水平提高（FSA，2000）。

随着金融排斥引发的社会效应逐渐凸显，各国陆续从不同层面上推进普惠金融的发展。2005 年，联合国首次提出普惠金融的概念，强调将那些被排斥在传统金融服务和整体经济增长轨道之外的低收入人群纳入普惠金融服务范围，分享经济增长带来的福利改善。虽然普惠金融概念提出较晚，但其包容性思想早已酝酿并形成。包容性金融理念认为，通过建立一个广覆盖、平等、可持续的金融体系，可以为社会所有阶层，尤其是那些被传统金融体系排除在外的贫困、低收入人群提供包括储蓄、保险、信贷、信托等在内的差别化服务，进而消除金融排斥（李建军，2017）。这种理念和信仰推动世界各国通过产品创新、机制创新和政策扶持，将农民、小微企业、城镇低收入人群和残疾人、老年人等特殊群体纳入金融服务的重点对象中，一起推动普惠金融美好愿景的实现。

1.1.2　信息不对称理论

信息不对称理论兴起于 20 世纪 70 年代，用于研究市场中交易各方因获得信息渠道不同、信息量多寡不同而承担不同的风险和收益。农村金融市场是一个典型的信息不对称市场，由于农业生产具有不确定性和低收益特征，加之农村信息闭塞、居民居住较为分散，银行很难获取完善可靠的信息来筛选出低风险、高收益的优质客户，且获得信息的成本十分高昂，因此，信息不对称问题远比城市普遍。首先，在发放贷款之前，银行对借款者进行背景调查的成本非常高，往往很难知道借款者的实际经营能力和还款能力，许多本应发放给那些具有较高预期收益或稳定收入客户的贷款，最终落入高风险客户手中。其次，在贷款获批之后，银行无法监督客户是否按照合同约定用途使用资金，也无法监督客户是否会尽最大努力经营项目以确保投资成功（Stiglitz 和 Weiss，1981）。第三，即使投资成功，借款者也可能以投资失败为由请求延期偿还贷款。信息不对称导致农业信贷在整个申请、获得和使用过程中暴露出逆向选择和道德风险问题，农村金融实践直观地显示出市场失灵。

为了有效控制信用风险，银行通常会要求客户提供实物抵押品或者第三方担保。冯兴元等（2019）指出，建立正式的土地产权和明确的资产产权制度，是解决农村信贷问题的根源。但现实情况是，即使建立了明晰的产权制度，但无论从社会伦理角度还是法律执行角度，银行想要没收穷人的抵押资产非常困难，可能会遭受村民的强烈反对，同时也和许多金融机构反贫困的使命背道而驰。上述原因导致金融机构对农户实行信贷配给，农户也会出于自身考虑不提出贷款申请（刘西川等，2009），继而加剧自我排斥。总体而言，在信息不对称条件下，农户难以确保抵押品的有效性，正规金融机构基于降低交易成本考虑把风险转移到农户身上，最终导致农户无法以合理成本获得优质信贷服务，信贷约束问题难以解决。因此，农村金融改革的关键任务是解决信息不对称问题，或找到合适的抵押品替代机制。

与正规信贷市场相反，农村社会的非正规信贷市场却表现出优越的信息优势。在人口流动性小，地域相对封闭的村庄，村民之间长期共同生活和互动交往，信息主要通过闲言碎语的方式传递，信息收集费用很低，从相对意义上来说，个人信息是对称的。而且，借贷双方常常还存在除信贷联系之外的其他联系，如生产、经营、贸易甚至是血亲关系。非正式放贷人可以利用信息优势甄别出"好客户"，且一旦出现问题贷款，也能及时运用社会压力或其他手段对违约者施加压力，迫使其还款。现实中广泛存在于发展中国家的各种非正规金融组织形式，如合会、民间借贷等，本质上都建立在人缘、地缘、血缘关系基础上，都利用了低信息成本的优势。正是因为农村非正规金融有效解决了信息不对称问题，才对正规金融形成了较好的补充甚至是替代。许多研究都表明，在发展中国家和地区，非正规金融的成本更低，工作方式更灵活，表现也更积极。但是，非正规金融的信息优势也是相对的，与放贷者的活动范围之间存在此消彼长的关系（Meyer 和 Nagarajan，1999）。这决定了非正规放贷者只能在一个较小的范围内针对少数客户开展业务，而且这些客户通常是相对固定的，非正规信贷市场呈现出高度分割的特征，不具有内生扩展性。

正因为正规金融和非正规金融各有优势与不足，在向农村地区尤其是偏远贫困地区延伸信贷服务时，两者之间进行专业化分工和互惠合作就成为一种可行且必然的选择。正规金融机构具有资金规模、技术和金融基础设施等方面的优势，而非正规机构具有信息优势，两者若以金融联结的方式整合起来，各自发挥比较优势，将有效提高农村信贷服务的可及性。在联结方式上，各国都进行了许多探索和尝试，比如在菲律宾和印度，常常有非正规放贷者从银行获得贷款，再以较高的利率转贷给他人；在美国，农村信用合作体系通过生产信贷协会或农民专业合作社向农民提供贷款等金融服务；也有很多国家的正规金融机构通过向贷款代理人支付佣金的方式，委托其搜寻客户、审查客户资质、维护客户关系等。自 20 世纪 80 年代起，金融联结逐渐成为许多国家金融发展战略的一部分。那些实施金融联结战略的国家和地区，农村金融服务的广度、宽度和深度都有了不同程度的改善（米运生和吕长宋，2014）。

1.1.3　不完全合同理论

信息不对称理论阐释了农村金融市场呈现出特殊性的原因，但是并没有讨论合约实施问题。从现实来看，只要存在信息不对称问题且缺乏足够的约束，就可能出现借款者有偿还能力但拒绝履约的问题。20 世纪 80 年代，随着不完全合同理论的兴起，农业信贷合同的有效执行问题成为研究热点。该理论假设的三点内容：①当事人至少具有一定程度的有限理性，无法预期未来的各种或然情况；②当事人具有机会主义行为；③存在关系专用性投资（聂辉华，2017），与农村信贷市场的特征高度吻合。由于金融机构在签约时无法预测合同执行过程中可能出现的所有情况；即使能预测，也无法将这些情况一一写入合同；即使写入合同，由于存在一些"双方可观察但无法向第三方证实"的特征，法院也难以执行或执行成本过高，因此现实交易中签订的信贷合同通常是不完全的（周脉伏和徐进前，2004）。特别是在偏僻和人烟稀少的地区，一方面金融机构很难监督借款者对贷款资金的实际使用情况，贷款资金可能被恶意投入到高风险经营项目，从而增加违约风险；另一方面，由于借款合同的有限责任设计，当违约收益大于违约成本时，借款者就可能以经营失败为由，拒绝还本付息。

在不完全合同理论假设下，如何保证信贷合同顺利实施自然成为无法回避的理论问题和现实问题。现实中，为了降低借款者的机会主义行为，提高交易效率，各国在长期实践中自发探索出了包括正式制度和非正式制度在内的一系列有效制度。

1.1.3.1　正式制度

正式制度是农村金融实践中最常用也是约束力最强的确保交易双方履约的规则，许多研究都证明了一个功能完善的法律体系是金融市场有效运转的可靠保证，能够降低交易的不确定性和交易费用（King 和 Levine，1993；托尔斯滕·贝克等，2004）。然而，法律完善是一个制度演进的过程，在许多发展中国家并不存在有效的法律体系，即使存在，法律实施也需要投入巨额费用，很多时候并不是金融机构的首选，社区运行机制仍然高度依赖于人际信任。

1.1.3.2　非正式制度

在法律规则之外，还有很多巧妙的非正式制度设计能够实现对借款者合约执行的激励相容，包括互联交易、重复博弈、特殊信任等。首先，在发展中国家的农村地区，许多信贷交易往往与劳动、土地、商品等市场上的交易相互联系，比如商人向农民提供贷款，而农民将其产品卖给商人，或通过商人来销售；佃农向地主租种土地，并从地主处获得借款等。互联交易是非正规金融治理信用风险的主要方法，与单纯的信贷交易相比，放贷者在信贷市场上的损失，可以从劳动、土地或商品等市场上得到补偿，从而更好地克服信息不对称条件下的道德风险问题，提高整个农村地区的金融交易水平；其次，民间借贷市场上广泛流传着"有借有还、再借不难"的共同规则，这背后反映了动态博弈机制的有效性。发展经济学家德布拉吉·瑞（2002）曾建立了一个无限重复博弈下的长期交易模型，表明交易双方如果存在长期合作预期，放贷者一方就可以对策略性违约者做出"从下一期开始终止交易"的威胁，比如未来不再为其提供友情借贷、不再与其继续合作或往来等，从而在一定程度上缓解恶意违约问题；再次，借款者与放贷者在长期交易中形成的特殊信任关系，也在保证契约执行方面起着重要作用。在相对封闭的村庄里，村民们世世代代相处，抬头不见低头见，彼此间有着完全透明化的充分信息，以及高频率和多维度的交往，并建立起了独有的圈子主义和熟人社会规则。这种基于明确人格指向的特殊信任，在交易双方熟悉、交易范围狭小、重复性博弈成立的农村地区是有效的，因为一个人不守信用的消息很快会传遍全村，大家的指责和流言蜚语足以约束借款者减少道德风险和机会主义行为（高晓红，2006）。但是一旦走出狭小的农村社区，这种信任体系便立刻失效，只能转为寻求正式法制来建立普遍信任体系。

1.1.4　机制设计理论

在不完全合同理论兴起的同时，机制设计理论也进入到普惠金融研究领域。机制设计理论起源于 20 世纪 60 年代，与传统理论相比，该理论不仅指出了农村金融存在的种种困境，而且提供了走出困境的途径——即如何通过机制或者规则设计，尤其是可靠廉价的机制设计，确保信贷合约的达成和执行，以实现金融市场的帕累托改进。在信息不对称条件下，抵押品的设置是为了降低交易成本以及提高信息获取效率，因此，机制设计理论重点关注如何克服农村金融市场上的信息不对称和抵押品缺失等问题，并在抵押替代机制上实现创新。此处重点介绍农村金融实践中使用最广泛的三种创新机制，包括连带责任机制、动态激励机制和声誉机制。

1.1.4.1　连带责任机制

连带责任制度是农村信贷市场上最受欢迎，也是使用最广泛的机制。该制度强调借款者在自愿基础上组成连带责任小组，以小组形式向金融机构申请贷款，小组中每个成员都对其他成员的贷款负有连带责任，任何一个成员出现违约，其他成员需要代为偿还，否则整个小组都会失去未来借款机会。从 20 世纪 90 年代初期开始，Stiglitz（1990）、Varian（1990）、Ghatak 和 Guinnane（1999）、Tassel（1999）等人相继构建了较为完整的理论模型，用以解释连带责任制度如何依赖于组员间的多维博弈，完美解决了农村信贷市场上因信息不完全带来的逆向选择、道德风险、监督和合同执行问题。为了有效降低信贷风险，金融机构通常要求小组成员来自同一村庄，相互之间能够获取完整的家庭收入水平、还款能力、风险偏好、信用程度等信息，从而使同风险类型或进行同类投资的客户通过自我选择组合到一起，这种甄别机制极大降低了逆向选择风险，使不同类别的借款者实现了"物以类聚"而不是混在一起。同样，在获得贷款之后，组员们为了避免因他人违约而承担连带责任，会严格监督所有成员的资金去向以及资金使用情况，而且一旦有人违约，投资成功的组员会承担连带责任，从而使机构风险降到最小。Besley 和 Coate（1995）认为，连带责任制度最大的优点在于通过组员间担保实现了风险分担，将本应由金融机构承担的筛选、监督以及合同执行等成本巧妙转移到了客户身上。虽然借款者因此承担了过高的交易成本和风险，但是金融机构的交易费用却显著下降了，能够为其提供更低息的贷款。因此，在一定条件下，小组监督收益可以超过监督成本，借款者的净收益和还款率都实现了显著提高。Ghatak、Guinnane（1999）

和 Tassel（1999）也指出，以连带责任制度为主要特征的小组贷款是解决逆向选择和道德风险问题最适宜的合同类型。

连带责任制度也存在一些局限性，其中，争议最大的问题是现有理论模型在解释该制度为何能取得高还款率时，几乎都设定了一系列严格的假设，比如借款者是风险中性的、组内监督成本为零、组员的投资回报不相关等。然而，在大多数情况下，小组成员并不具有同质性，互相间也缺乏完备信息（Ghatak 和 Guinnane，1999；Coke，2002），这些情况都为小组监督和社会惩罚带来了高昂成本。因此，社会资本的采用并不足以确保高还款率，在某些情况下，甚至会出现合谋行为（Laffont 和 Rey，2003；Bhole 和 Ogden，2010）。此外，连带责任制度获得成功的几大关键要素，如顺利组建连带责任小组、成员间存在重复博弈、社会制裁有效、金融机构能够及时甄别并惩罚违约客户等，在现实中均存在偏差。2000 年前后，一些小额贷款机构开始放弃连带责任制度，比如孟加拉国的社会进步联盟，玻利维亚的阳光银行等都扩大了个人贷款规模，甚至连连带责任贷款的先驱者——孟加拉国的格莱珉银行也在第二代产品中放宽了连带责任条款，以动态激励机制以及更为灵活多样的信贷产品取而代之（Armendáriz 和 Morduch，2010）。

1.1.4.2　动态激励机制

动态激励机制是指当借贷双方存在多期重复博弈时，在契约设计中融入对借款者历史履约记录的考察，通过提供溢价建立起一种正向激励，促进借款者自动自觉履约的还款机制（米运生等，2018）。动态激励机制包括终止贷款威胁（Threatening to Stop Lending）和累进贷款（Progressive Lending）等（Tedeschi，2006；Armendáriz 和 Morduch，2010），其设计思路同样源自非正规信贷交易经验。在传统的农村信贷市场上，放贷者主要依靠两种方法确保债务偿还率，一是与借款者建立重复博弈关系，二是确保借款者无法与其他放贷者缔结合约，只要借款者有继续融资需求，就会权衡当期的履约收益和违约收益，当履约收益更高时，就会主动抑制其策略性违约行为（Tedeschi，2006）。金融机构通过向违约者施加终止贷款威胁，实际上是将违约惩罚内生化。此外，累进贷款同样也是农村金融中最常用、最重要的动态激励机制之一，指借款者第一次申请贷款时，只能获得较小的资金额度，在按期还款之后，放贷者会给借款者一个更大的贷款额度，随着贷款次数和信用记录的提高，信贷额度会不断增加，直到达到一个最高限额；而对未能按期还款的客户，则关闭其信用渠道。累进贷款机制从三个方面降低了违约风险，首先，渐进式的贷款方式有利于金融机构在贷款早期对借款者进行测试，筛查出"糟糕的客户"；其次，当借款者存在持续信贷需求时，为了确保未来的贷款机会，会降低先期违约可能性；第三，递增的信贷规模实际上增加了违约的机会成本，在贴现率很低的情况下可以促进借款者自我履约（Armendáriz 和 Morduch，2010）。

但是，动态激励机制同样也存在一些局限性。如果信贷市场上存在多个竞争者，而金融机构之间又没有实现客户数据共享，那么违约者很容易在另一家机构重新申请并获得贷款，此时借贷双方重复博弈的基础遭到破坏，动态激励机制自然无法有效约束客户的还款行为。而且，过度竞争还可能带来过度负债，借款者通过向另一家机构申请贷款来支付前一家机构的贷款，导致债务螺旋上升，最终陷入财务困境。20 世纪 90 年代中后期孟加拉国、印度、玻利维亚等国家的小额信贷危机均源于过度竞争导致的动态激励机制失效，这场危机也深刻反映了要提高合约的可执行空间，金融机构之间必须充分合作，互享客户的信用信息和还贷记录等信息。

1.1.4.3 声誉机制

在农村地区没有成熟的征信体系，声誉作为一种信息显示机制，可以减少经济社会生活中的机会主义行为，有利于解决不完全契约的执行问题。声誉的隐形契约功能，主要通过信息效应和资本效应两大基本功能实现。其中，信息效应指声誉能够在一定程度上显示交易主体的历史行为和特征，有助于交易者更快更有效地筛选出可信赖的合作者（Akerlof，1970；Kreps 等，1982）。资本效应指声誉可视为一项长期无形资本，能够给行为主体带来"声誉租金"，同时，声誉贬值也会给当事人造成相应损失（Tadelis，2002）。在长期交易中，如果声誉资本大于当期违约收益，声誉效应便可以确保契约的自我执行（Salomon 和 Forges，2015）。在农村金融实践中，借贷双方以及连带责任小组成员之间的信任关系能够建立起来，声誉机制起着非常重要的作用（赵岩青和何广文，2008）。因为借款者一旦发生欺骗行为或策略性违约行为，村庄中所有人都会知道，没有人愿意与其再次合作，甚至还会遭受驱逐，比如被拒绝参加村庄的各类集体活动、受到村民指责和冷眼相待等。而且借款者对自身声誉投资越多，丧失声誉的机会成本越高，造成的损失也越大，从而可以激励借款者按期履行贷款契约，约束其机会主义行为。

当然，声誉机制发挥作用依赖于重复博弈或关联博弈。如果借贷双方或小组成员之间只是单次博弈，一方面，借款者没有维持声誉的激励；另一方面，放贷者也无法对违约者施加惩罚（黄晓红，2009）。此外，违约惩罚必须是可信和可实施的，放贷者能够对违约客户施加惩罚，比如终止交易、诉诸法律等，声誉机制才能发挥作用。

在普惠金融实践中，各种巧妙的机制被广泛运用并取得了不俗的效果。比如孟加拉国格莱珉银行通过小组贷款方式，在小组成员强制储蓄的基础上，为农村女性客户提供小额贷款，并利用累进贷款承诺、终止贷款威胁等动态激励方式保证农户按期还款，有效满足了农户资金需求。表 1-1 总结了比较有代表性的机制创新实践。

表 1-1　抵押替代机制下的创新实践

机构	格莱珉银行 (Grameen Bank)	印尼人民银行 (Bank Rakyat of Indonesia)	玻利维亚银行 (Banco Sol)	农民商业化促进研究所 (IFOCC)	清算基金 (FONDECAP)	秘鲁社会研究中心 (CEPES)
服务类型	金融服务与技能培训等	存款与贷款	存款与贷款	贷款、技术援助、技能培训	贷款	贷款
服务对象	女性小农为主	小农	小微企业与小农	社区人群	农村人口及城市小微企业	现代商业化小农
贷款条件 - 贷款监督	—	—	—	与工作人员协调	贷款用途及资金使用信息	实施监督
贷款条件 - 惩罚措施	终止贷款	终止贷款	—	每个月增加1%惩罚性利息	—	连带责任
贷款条件 - 年化利息	16.5%	32%	55%	18%	21%～24%	23%
贷款条件 - 贷款期限	平均 1 年	平均 3 个月	—	2～12 个月	1 个月以上	平均不超过1 年
抵押担保形式 - 传统形式	小组成员的强制储蓄保证金	质押品；2 500 美元以上贷款需要提供抵押品	—	质押品：牲畜、农作物、电器；不需要提供抵押品	质押品与汇票	抵押品（贷款超过5 000 美元）
抵押担保形式 - 创新形式	社会契约、小组贷款、动态激励	社会契约、动态激励	小组贷款、动态激励	社会契约、小组贷款、社区背书、动态激励	小组贷款、社区背书、动态激励	小组基金（贷款低于5 000 美元）

资料来源：表格内容引自 Rome 的报告《Collatera in Rural Loans》，1996。

1.2 普惠金融的起源

1.2.1 正规储蓄与贷款组织的产生

自古以来贫穷人口一直受到正规金融机构的排斥，主要源自两个原因：一是穷人贷款规模通常很小，金融机构难以通过贷款业务获得利润；二是穷人无法提供合格的抵押品，金融机构面临着非常高的监督成本和违约风险。长期以来正规信贷对穷人来说具有不完全可达性，他们通常会向亲戚朋友，或非正规金融组织借款来平滑消费或进行投资。但是非正规金融的有效运行高度依赖于放贷者对当地客户拥有的信息优势，受地域限制非常强，很难将规模做大或复制到他地。在客户规模和贷款规模有限的情况下，放贷者的放贷成本同样十分高昂，有时甚至会催生高利贷，进一步恶化当地金融环境（Armendáriz 和 Morduch，2010）。在此背景下，正规的储蓄与贷款组织应运而生，并成为普惠金融的雏形。

从中世纪起，正规贷款组织已经在世界各地陆续出现。1462 年，意大利诞生了第一家官办典当行，由修道士在城市开展无息信贷业务以应对当时盛行的高利贷，这种典当行实际上已经具有了现代小额贷款的某些性质。1515 年经罗马教皇授权，典当行摒弃了无息贷款模式，开始收取适当利息来覆盖运营成本（杜晓山，2006）。但是这些信贷服务主要针对市民阶层，贫困人口尤其是广大农民依然缺乏正规的融资途径。

直到近代，真正面向贫困人口提供正规储蓄和贷款服务的组织才开始出现。18 世纪初，乔纳森·斯威（Jonathan Swift）创办了爱尔兰贷款基金（Irish Loan Funds，简称 ILF），该机构以独立慈善机构的身份利用捐赠资金向无法提供担保的贫困农户提供零息小额贷款服务，其业务规模在 19 世纪上半叶实现了爆炸式增长（Hollis 和 Sweetman，2004）。1823 年颁布的特别法案将 ILF 从慈善机构转变为金融中介机构，在这之后 ILF 组织开始尝试收取一定的贷款利息，并开展存款业务（焦瑾璞，2010）。1837 年 ILF 被贷款基金委员会（Loan Fund Board，简称 LFB）纳入监管。至 1843 年 LFB 辖下已有大约 300 个 ILF 组织，尽管这些组织在运营方式上存在非常大的差异，但主要都开展零息贷款和有息存款业务，以支持雇农、小农以及商人等低收入群体购买消费品、畜牧产品、存货等生活和生产资料。ILF 发展到鼎盛时期时，每年大约有 20％的爱尔兰家庭通过该机构获得贷款，平均贷款规模达到了贫困人口人均收入的 2/3（Hollis 和 Sweetman，2004）。但是，由于 ILF 的存款利率比一般商业银行高出 3 倍，这直接导致商业银行无法在吸储业务上与其抗争，发展举步维艰。1843 年，爱尔兰政府下令实行最高利率限制，ILF 失去竞争优势并逐渐走向衰败，直到 20 世纪 50 年代最终消亡。

经过数个世纪的发展，正规储蓄与贷款组织的规模不断扩大，其业务在向农村地区深入的同时，信贷模式也转向了合作化和专门化。从 19 世纪起，邮政金融服务进入农村地区，与信贷合作社一起成为了农村储蓄和支付服务的主要提供者。其中，19 世纪中期德国雷发巽（Raiffeisen）与其支持者成立的信用合作社经过 30 余年发展，在德国获得巨大成功。从 1865 年开始，信用合作社在欧洲和北美等地区迅速扩展，并传播到其他发展中国家，到 20 世纪初几乎传遍了亚洲所有国家，形成了全球性的"雷发巽运动"。信用合作社的出现在很大程度上弥补了私人银行供给的不足，抑制了高利贷泛滥（焦瑾璞，2010），有效提高了农村人口的福利水平。

不论是爱尔兰贷款基金还是德国的信用合作社，都与现代小额信贷组织的结构非常接近。它们以消除贫困和实现财务可持续性为目标，瞄准无法获得商业银行金融服务的穷人和低收入人群，在某种程度上带有慈善性质。随着实践的开展，大部分组织逐渐走向自立。但是，它们的资金主要来自外部融资，必须不断扩大服务范围才能保证机构的持续运营。

1.2.2 扶贫式小额信贷的出现

20 世纪初期，拉丁美洲的金融信贷模式开始转向本土化发展（杜晓山，2006），其目的是将社会闲置资金以储蓄形式集中起来，并通过信贷方式投向农业部门，以推动农业现代化进程。但是，大部分金融机构的运营效率并不令人如意，甚至产生了腐败现象，导致资金无法得到有效利用（CGAP，2005）。在总结了传统发展金融经验教训的基础上，20 世纪 50 年代到 70 年代，部分国家的国有政策性金融机构以及农民合作社开始以利率补贴的方式向农户发放小规模贷款，这种扶贫式小额贷款的出现，使农业信贷规模迅速扩大。当时的主流观点认为：小额贷款应该是非营利性的，主要目的是为发展中国家的贫困家庭提供金融服务。除此之外，国营银行也需要承担为穷人，尤其是农民提供金融服务的任务（Cull et al.，2009）。当时的扶贫式小额信贷在大量补贴支持下得以维持运转，但事后政策评估结果证明，以信贷补贴为主要手段的减贫实践几乎都是失败的（Morduch，1999）。首先，过高的利息补贴使大部分机构难以持续经营；其次，这些补贴贷款往往都流向了富裕农户而非贫困群体（CGAP，2005）。无论是小额信贷组织还是国营银行，都存在成本过高导致的效率低下问题，扶贫效果也不如预期有效（Conning 和 Udry，2007）。

扶贫式小额信贷实践可以视为普惠金融的起源，这些信贷组织大部分带有慈善性质，其资金主要来自外部资源或补贴，目标是通过小额贷款服务实现减贫，对机构自身的可持续发展并无要求。这一阶段，扶贫式小额信贷的内容和形式并非一成不变，随着客户需求的变化，服务手段不再局限于单一的贴息贷款，逐渐拓宽到低息贷款、储蓄等服务，供给机构也从福利组织扩大到合作性金融组织和国营金融机构等。如前所述，由于该时期的小额信贷几乎都以贴息方式进行，许多机构在后期陷入了"补贴诅咒"，即过度依赖外来资金的支持，而忽视了培育机构自身的可持续发展能力。因此，当社会捐助等外部资金大规模减缩或贷款需求激增时，机构很容易陷入经营困境甚至遭遇关停，大量资金投入也因机构的不可持续性而未实现预期扶贫效果。

1.3　普惠金融的早期实践

1.3.1　小额信贷概念的正式提出

20 世纪 70 年代，穆罕默德·尤努斯（Muhammad Yunus）正式提出了小额信贷（Microcredit）概念：即无担保、无抵押地向中低收入阶层提供小额度贷款（蔚垚辉等，2016）。从 1976 年起，尤努斯就开始在孟加拉国面向贫困人口开展信贷服务，并创立了政府特许的格莱珉银行，其无抵押的小组贷款模式在孟加拉国取得巨大成功，并陆续被许多国家效仿（Khandker，1998；Wahid，2010）。也是从这个时期开始，现代小额信贷组织与小额信贷项目陆续起步发展。比如，1972 年孟加拉国成立了救济和康复组织（Bangladesh Rehabilitation Assistance Committee，简称 BRAC），这是一个与格莱珉银行类似的机构，同样以"信贷＋"方式提供小额贷款（Matsui 和 Tsuboi，2015）。此外，还有一些专门针对贫困女性展开的试验性小额贷款项目，比如格莱珉银行与印度自我就业妇女协会（The Self-Employed Women's Association）合作开展的项目。与上一阶段扶贫式小额信贷普遍遭遇的"补贴诅咒"不同，现代小额信贷摆脱了对高额补贴的依赖，成功证明了贫困家庭也能够成为银行的可靠客户（Cull et al.，2009），并通过小额信贷支持实现了大量减贫（Morduch，1999）。

1.3.2 从扶贫小额信贷转向福利主义小额信贷

现代小额信贷出现之后，很多小额信贷组织加快了在发展中国家扩张的步伐，并在实践中不断创新经营方式和经营理念，打破了传统意义上扶贫融资的概念。首先，从 20 世纪 80 年代开始，小额信贷的目标客户从农民扩展到了从事非农经营的村镇人口；其次，亚非拉的小额信贷实践证明了为穷人提供金融服务并不需要大量补贴（Cull et al.，2009），而且穷人甚至比富人更加可靠，小额信贷组织完全可以摆脱补贴资金，实现可持续经营（CGAP，2005）。实际上，许多日后时常被提及的小额信贷项目都诞生于这一时期，比如 1972 年美国国际开发署（United States Agency for International Development，简称 USAID）与拉丁美洲签订"进步联盟"协议，在巴西 Recife 市开展了拉丁美洲第一个真正意义上的小额信贷计划（Bateman，2014）。次年，国际行动组织（ACCION International）也开始在 Recife 市提供小规模的小额贷款，并在 USAID 和其他机构的帮助下，在拉丁美洲建立了许多公益性小额信贷机构，如多米尼亚加共和国的 Ademi、玻利维亚的 Prodem 等（CGAP，2001）。此外，印度尼西亚人民银行（Bank Rakyat Indonesia）也是极具代表性的机构之一，该机构通过改造传统的信贷模式，使农村地区的小额信贷业务实现了合理利率下的可持续运营。

直至 20 世纪 90 年代中期之前，普惠金融发展仍然属于初期阶段，以福利主义小额信贷为主要载体。这种起源于非政府组织（Non-Governmental Organizations，简称 NGOs）的福利式小额信贷与上一阶段的扶贫式小额信贷有着非常多的相似之处：比如强调以扶贫为宗旨，利率通常不高，资金来源高度依赖于捐赠、贴息贷款等外来资源，采用信贷补贴方式直接向贫困人口提供服务，对机构自身可持续性经营并无明确要求等（杜晓山，2010；2013）。但是，福利主义小额信贷机构在抵押品替代机制方面做了很多尝试和创新，连带责任制度、累进贷款承诺、终止贷款威胁等机制被广泛采用，摆脱了传统信贷在抵押品方面的局限和限制，成功为游离于正规金融体系之外的贫困家庭提供了新的信贷渠道（World Bank，2014），也进一步证明了贫困人口有能力支付小额贷款利息并按期偿还贷款。

1.3.3 制度主义小额信贷的兴起

尤努斯正式提出现代小额信贷之后，小额信贷在全世界迎来了快速发展期，并探索出许多成熟经验和创新经营模式。面对剧烈扩张的用户群体和信贷规模，上一阶段福利主义观点的弊端开始显现，传统的贴息方式难以为继，以追求"财务可持续性"为目标的制度主义小额信贷（也称商业性小额信贷）应势而出。对于"财务可持续性"的必要性，Cull 等（2013）从以下三点进行了论证：第一，金融可获得性比价格更重要，在合理的范围内，贫困家庭有能力支付较高的贷款利率；第二，持续的信贷补贴会削弱金融机构对创新的追求，不利于削减经营成本；第三，信贷补贴无益于小额信贷部门的可持续经营。因此，小额信贷要获得进一步发展，就必须追求盈利能力，而提高贷款利息就成了必要手段。可以说，制度主义小额信贷为金融机构和贫困人口提供了一个双赢方案（Morduch，1999），穷人可以通过无抵押方式获得贷款，金融机构也可以采用担保品/抵押品替代机制以及制定适当的利率实现可持续经营。小额贷款经营模式的拓展以及贷款利率的提高，标志着制度主义小额信贷的兴起，并逐渐成为当今世界的主流（杜晓山，2013）。该观点在强调满足贫困人口金融需求的同时，更关注金融机构自身的可持续发展。后期实践也证明了制度主义小额信贷有着非常强大的生命力，并发展成为小额信贷组织的"最优实践准则"（梁骞和朱博文，2014）。

进入制度主义发展阶段后，世界小额信贷乃至普惠金融的发展都与世界银行扶贫协商小组（Consultative Group to Assist the Poor，简称 CGAP[①]）的发展战略紧密联系在一起。从 1995 年起，该机构定期发布五年发展战略（初始阶段为 3 年计划），为每个时期普惠金融的发展提供指导方向和解决方案。得益于 CGAP，小额信贷组织和各国政府机构以及国际组织进行了广泛合作，穷人也因此获得了更多的小额贷款机会（Malhotra et al.，1998）。截至 2019 年，CGAP 已经进入了"第六个五年计划"阶段，战略重点从最初的小额信贷依次转向微型金融、数字金融等。

CGAP 前两阶段发展战略 CGAP Ⅰ（1995—1998 年）与 CGAP Ⅱ（1999—2003 年）对制度主义小额信贷的发展起到了有力的推动作用。当时金融排斥问题正备受关注（焦瑾璞，2014），以 CGAP 为代表的国际组织希望从改进金融机构的经营方法入手（Terberger，2012），通过拓展信贷模式和更加专业化的经营，证明向穷人提供大规模、财务可持续金融服务是可行的（World Bank，2014）。为实现此目标，CGAP 在发展中国家进行了大量的实践，比如 1997 年启

---

① CGAP 成立于 1995 年，是世界银行旗下的独立智囊团，由 30 多个重要发展组织、私人基金以及国家政府合作建立而成，致力于推进普惠金融来改善穷人生活。

动非洲能力建设试点项目（Pilot Africa Capacity Building Initiative），1999 年与美国国际开发署合作，推广印度尼西亚人民银行的实践经验并探索吸引客户的新方法等。进入 21 世纪后，国际组织间的合作更加密切，在国际农业发展基金（International Fund for Agricultural Development）的支持下，CGAP 开始对农业小额信贷机构进行深度评估，探索更加有效的农业金融方法（CGAP，2003）。

经营方法的改进有力推进了小额信贷组织进一步发展壮大，不可忽略的是，在小额信贷扩张过程中，除了以 NGOs 为代表的慈善性机构外，商业银行同样发挥了巨大作用。以美国为例，1977 年国会通过"社区再投资法案（the Community Reinvestment Act）"① 后，商业银行的小额信贷业务呈现出持续增长态势。但是，商业银行大部分业务是瞄准富裕阶层的，很少惠及穷人。20 世纪 90 年代初美洲开发银行在拉丁美洲发起客户群体下移（Downscaling）战略，即向更基层的低收入群体提供信贷服务。不久之后，这一战略方针很快被欧洲复兴银行、欧盟、美国以及日本政府引入，中欧、东欧以及独联体等多地也着手开展类似业务。1996 年 11 月 USAID 召开会议，专门讨论商业银行客户群体下移问题，这标志着大型商业银行与小额信贷组织之间的业务界限被真正打破，此后大型商业银行开始广泛地参与到小额信贷业务中（周孟亮和李明贤，2011）。

截至 20 世纪 90 年代，小额信贷经历了扶贫式、福利主义和制度主义三个发展阶段，在长期实践之后逐渐找到了能够兼顾成本效益，摆脱补贴依赖，并能惠及穷人的双赢方案（Armendáriz 和 Morduch，2010）。与前两个阶段相比，制度主义小额信贷追求更高的自身利润，参与主体扩大到商业银行，但服务对象并未发生变化，依然是被正规金融机构排斥在外的贫困人群。这部分人通过小额贷款项目获得了消除贫困的机会，而金融机构也能收取较高的贷款利率来覆盖经营成本并获得适度利润（Terberger，2012）。

1.4 小额信贷危机与微型金融的发展

1.4.1 小额信贷危机

由于商业性小额信贷在财务上的优良表现，大规模资本尤其是私有资本涌入该领域，高息小额信贷迎来发展高潮。根据对近 1 400 家小额信贷机构的统

---

① 社区再投资法案是美国国会于 1977 年通过的法案，鼓励商业银行和储蓄协会向社区各阶层人群提供借贷服务，以解决针对中低收入群体的歧视性信贷问题。

计，截至 2008 年底，全世界的借款人数达到 8 600 万余，储蓄人数更是高达 9 600 万。但商业化的经营理念使许多机构在权衡营利目标与服务穷人目标时，往往违背其初衷，出现使命漂移①现象，在极端情况下，小额信贷机构甚至成为变相的高利贷。由于小额信贷机构对商业化运作的执迷，加之缺乏监管，许多机构过度发放贷款，竞相降低贷款条件，以追求高利润和短期增长，却忽视了穷人的金融认知能力和偿付能力（Armendáriz 和 Morduch，2010）。2007 年世界金融危机前后，部分国家和地区陆续出现"客户过度负债危机"，泛滥成灾的小额信贷逐渐成为一个棘手问题（World Bank，2014）。

由于上述原因，针对制度主义小额信贷的质疑声音不断出现（Cull et al.，2009），营利与扶贫双赢目标被认为是不可兼得的。实际上，在制度主义小额信贷刚兴起的时候就有研究者发现，如果借款者无法偿还贷款，当事人的情况可能会更加恶化。从 2005 年开始连续三年，全球发生了一系列的危机和抗议活动。2008 年，尼加拉瓜"不还款"运动引发了大范围违约和暴力抗议，22 家大型小额信贷机构受到影响，其中 Banco del Exito 因此遭到破产清盘。在摩洛哥，12 家小额信贷机构的违约率迅速上升，并于 2009 年在一家大型机构陷入困境而被政府接管后达到危机顶点。2008 年 10 月，巴基斯坦的借款者在当地官员支持下拒绝还款，接着出现拖欠危机。而 2010 年印度安得拉邦客户因过度负债自杀的事件②，更是将小额信贷推向了风口浪尖，制度主义小额信贷所受到的质疑似乎因此得到验证，甚至连小额信贷的减贫有效性也受到质疑，小额信贷遭遇了前所未有的危机（Terberger，2012）。

1.4.2 微型金融的出现

进入 90 年代后，随着收入水平的提高，贫困人群产生了除贷款以外的多元化金融服务需求（李明贤和叶慧敏，2012），尤其是进入 21 世纪 00 年代中期后，为贫困人口提供更广泛的金融服务被提上新的高度。小额信贷的内涵因此得到大幅扩展，从主要提供小额贷款业务（Microcredit）扩展为提供更加综合的金融服务（Microfinance）（CGAP，2005）。国内一般把 Microfinance 译

---

① 使命漂移是指小额信贷机构为追求财务可持续性，只专注于经济条件相对较好的目标客户群体而忽视最贫困人口的贷款需求。

② 2010 年 3 月 1 日至 11 月 9 日在素有"小额贷款之都"之称的印度安得拉邦，70 多名无力偿还贷款的农民在小额信贷机构的暴力催逼下自杀身亡。同年 10 月开始，当地暴发严重的信贷违约危机，数以万计的客户拒绝偿还营利性小额信贷机构贷款，地方官员也劝阻客户不要还贷。

为微型金融，除了提供信贷业务以外，还包括储蓄、保险和汇款等多种业务活动，拓展后的一揽子金融服务进一步满足了贫困人口的需要，普惠金融的发展也随之进入了微型金融时代。

微型金融是小额信贷机构业务多样化和持续化发展的结果，随着客户群体的扩大以及经营活动的剧增，微型金融发展遇到了许多瓶颈，最棘手的问题是如何在城市以及人口稠密的农村地区之外，为缺乏金融交易价值的贫困人口——特别是处于偏远地区的人群提供优质的金融服务。金融科技的进步为解决该难题创造了有利条件。一方面，手机等现代通信技术的普及为降低服务成本以及提高金融覆盖率提供了新的路径（World Bank，2014）。在 CGAP 第三阶段（2004—2008 年）、第四阶段（2009—2013 年）发展战略中，除了提出扩展储蓄、小额保险以及汇款业务外，也积极推动使用电子支付技术来降低交易成本；另一方面，"无网点银行"在巴西、印度等发展中国家的发展和改进，使无法被银行网点有效覆盖的贫困人口也可以便捷地享受优质金融服务（CGAP，2003；2004；2005；2006；2007）。

从 20 世纪 90 年代中期开始，经过十年快速发展，小额信贷实现了从小额贷款到微型金融的概念深化，贫困人口获得金融服务的范围也进一步扩大。

1.5 普惠金融体系的提出与发展

1.5.1 普惠金融体系的提出

普惠金融的概念在 2005 年被提出，2010 年之后得以全面深化确立。在这两个重要的时间点上，小额信贷以及微型金融的发展都遇到了一些严峻的挑战和困难，必须进行深入改革和创新，这正好成为助推普惠金融确立和深化的关键因素。

首先介绍普惠金融概念提出的背景。从 20 世纪 70 年代开始，小额信贷组织以及后来的微型金融组织服务了大量的极贫者、贫困者和脆弱的非贫困者（杜晓山，2006），但是最贫困的人群仍然被排除在外。无论是学者还是小额信贷实践者都认识到，要让最边缘的人群获得金融服务，单纯依赖金融机构是不够的，还必须将社会安全网（Social Safety Net），即社会安全保障系统和金融服务有机联系起来才能有所突破。在这种背景下，建立一个完整的金融普惠体系就愈显重要（CGAP，2006）。2005 年国际小额信贷年期间，普惠金融概念被正式提出，Brigit 在 "Access for All：Building Inclusive Financial Systems"

中指出，普惠金融应当将微型金融纳入正规金融体系之中，以实现金融的包容性发展，使所有阶层的人都能享受到便利且优质的金融服务。可以说，正是因为微型金融发展广度和发展深度的双重不足，才推动了普惠金融的产生。

2010 年后普惠金融体系得以全面深化确立，与前文提到的小额信贷危机有着直接关系。为了应对危机，普惠金融的地位和作用被再次强调，其发展焦点转移到对金融普惠性更广泛的理解以及如何与正规金融体系建立更加紧密和更具责任的联系（World Bank，2014）。CGAP 明确表明，客户只有在合适的时间获得合适的金融服务才能有效积累家庭资产、创造收入、平稳消费以及减免风险（CGAP，2011），普惠金融建设被正式提上议程，地位日益突出。总的来说，危机之后虽然出现了小额信贷能否持续消除贫困和推动地方经济发展的质疑，但相关国际组织并没有因此违背向穷人提供可持续、可负担金融服务的初衷。它们将目标转向实现真正的金融普惠，而非仅仅关注小额信贷模式下的脱贫任务（Bateman，2014）。

与此同时，CGAP 在第五阶段发展战略（2014—2018 年）中确立了"建立适合穷人的金融体系"的宗旨，2010 年 G20 以及全球金融标准制定者（Standard - Setting Bodies，简称 SSB）也将注意力转向了建立普惠金融体系，并明确了"普惠金融"作为全球发展议程的核心地位。这些证据都表明了，普惠金融在"实现更广泛的金融服务可得性与使用性"这一点上，得到了全世界认可（Corrado 和 Corrado，2017）。

普惠金融思维带来的另一典型变化来自财务领域，从过去注重机构自身可持续性转向了注重不同利益相关者之间的利益分配问题，此外客户的重要性也被提到了首位（Armendáriz 和 Morduch，2010）。CGAP 指出，普惠金融是实现"帮助穷人改善生活"目标的手段（CGAP，2013）。为了实现此目标，在推进普惠金融的进程中，一方面需要了解贫困人口的服务需求，针对这部分群体进行金融手段创新；另一方面要在大力推进数字金融发展的同时，防范数字金融进一步排斥最弱势群体（CGAP，2017）。以亚太地区实践为例，孟加拉国银行（Bangladesh Bank）为支持政府的普惠金融战略，利用绿色金融支持可再生能源发电项目和其他环境友好项目，促进农业绿色发展；借助农业信贷政策优先支持边远地区的农民和女性，加强对欠发达地区的扶持；推动商业银行免费为农民开立银行账户，促进金融的普惠性发展。时下，泰国、越南、印度等发展中国家都在展开类似的普惠战略，以期通过提高金融普惠性促进社会

发展 (Islam, 2015)。

总体而言,普惠金融在得到普遍认可之后,在全世界开展了多种形式的实践,尝试开拓出更具可行性的发展模式,这也成为普惠金融工作者努力的新方向。

1.5.2 普惠金融的未来发展

2018 年 CGAP 公布了第六阶段战略计划 (2019—2023 年)。与前五阶段战略计划不同,当前普惠金融发展出现了两个新背景和新趋势。一是普惠金融经过多年发展之后,越来越多人发现帮助穷人获得可持续生计不仅仅是单纯的经济或金融问题,还不可避免涉及教育、医疗、卫生、就业等社会问题。简言之,未来的普惠金融将从单一强调获取金融服务转向如何增进客户福祉;二是近年来数字化技术已经深入影响到了金融体系的运作方式,这种技术变革为降低交易成本以及创新运行模式创造了有利的技术条件,同时能够帮助金融机构更好地识别出不同类型的客户群体,特别是受数字鸿沟影响最大的群体,如农村妇女、小农户等。在此背景之下,CGAP 吸取了小额信贷过往的发展经验和教训,为避免陷入新的"普惠金融诅咒",确定了"创造客户价值、创新商业模式、支持基础设施建设以及制定发展政策"四大优先方向 (CGAP, 2018),这也将成为普惠金融未来发展方向的重要指引,具体措施详见表 1 - 2。

表 1 - 2　CGAP 第六阶段战略计划四大优先方向的主要措施及特点

四大优先方向	主要措施	特　　点
创造客户价值	1. 满足不同细分市场贫困人口的需求 2. 通过信任和公平机制提高客户价值	从为贫困人口提供金融服务转向为贫困人口创造使用金融服务的价值
创新商业模式	1. 依靠高速数字技术为贫困客户提供金融配套服务 2. 对金融服务、卫生、教育、能源等领域进行整合 3. 依靠数字金融提高机构效率	依托数字支付和数字生态网络来提供体系化的金融服务
支持基础设施建设	1. 通过共享信息基础设施(大数据、人工智能等)为贫困人口提供动态的金融配套服务 2. 公共部门与私营机构互为补充,共同构筑数字金融生态网络	通过共享市场基础设施降低交易成本,为贫困人口提供可负担的金融服务
制定发展政策	1. 建立有效的消费者保护新模式,防止新兴技术带来的风险转移 2. 完善监管协调机制,确保更公平的竞争环境 3. 协调不同部门之间的政策	制定有效政策来支持和推动区域普惠金融发展

资料来源:整合自《CGAP 第六阶段战略计划 (2019—2023 年)》。

　　未来普惠金融发展理念最大的变化在于要将关注点从提供金融产品，转向提供与穷人金融服务需求及使用情况相适应的金融配套方案上来。因为对于穷人来说，仅有金融服务是不够的，必须辅以动态的、可持续的金融配套方案，如教育、医疗、培训服务等，才能真正改善他们的生活和生计，这样的普惠金融服务才更有效率。

　　为了实现普惠金融发展目标，未来各国需要致力于建立完善的普惠金融价值链（表1-3）。微观上，一方面要确保贫困人口在参与普惠金融过程中获得充分的信息、激励、信任和信心，另一方面也要保证金融机构能够可持续的、大规模的为客户提供价格适宜且易于获得的金融配套服务；中观上，要建设安全、透明、高效、开放的市场基础设施，降低交易成本，提高金融服务透明性，扩大服务范围；宏观上，要制定完善的金融普惠政策，并建成有效的监管体系，为普惠金融发展提供良好的政策环境。同时，不可忽略的是，在解决地区贫困人口问题的过程中，各国政府与国际组织之间的合作显得日趋重要，只有双方携手共同应对发展不平衡加剧问题，根据贫困人口的实际需求以及当地金融环境提供适时适宜的金融服务，才能让那些被排除于正规金融体系之外的弱势群体能够可持续地获得优质金融服务，并有效改善其生活。

表1-3　普惠金融未来目标

目标层面	具体目标
总体层面	改善贫困人口的金融可得性，并保证其机会平等性
金融层面	保证贫困人口获得与需求相匹配的金融配套方案
细分层面	①客户在参与普惠金融过程中能够获得充分的信息、激励、信任和信心 ②金融机构能够可持续的、大规模的为客户提供价格适宜且易于获得的金融配套服务 ③建设安全、透明、高效、开放的市场基础设施 ④制定完善的金融普惠政策，并建成有效的监管体系 ⑤各国政府与国际组织合作应对地区贫困人口问题

　　资料来源：整合自《CGAP第六阶段战略计划（2019—2023年）》。

1.5.3　国际普惠金融发展历程小结

　　普惠金融起源于NGOs对农民的扶贫信贷，其漫长的实践探索证明了信贷补贴模式是不可持续的。1976年，尤努斯首创性地提出了小额信贷概念，以小组贷款为主要特征的格莱珉模式成功证明了贫困人口也可能成为理想的客户，由此推动普惠金融从扶贫小额信贷进入到福利主义小额信贷时期。在这个阶段，NGOs 仍然是普惠金融的主要供给者，面向贫困农民提供低息信贷服务，但是在信贷方法上进行了很多突破和改进，小额信贷机构在确保较高还款率的基础上逐渐实现了持续性经营。随着信贷规模在世界范围内的急速扩张，小额信贷机构的财务可持续性被提上议程，为了摆脱了补贴诅咒，小额贷款摒弃了一直以来采用的低息政策，转以高息贷款来维持机构的有效运转，并实现了机构与客户利益的双赢。这种高度商业化信贷模式的兴起标志着普惠金融进入了制度主义小额信贷时期，其间，银行等商业性金融机构广泛参与其中，并成为小额信贷增长的主要推动力（Cull et al.，2009）。

在上述三个阶段，普惠金融的发展都是围绕小额信贷进行的，其间有两个重要变化推动了从小额信贷到普惠金融的进程。一是进入 90 年代后，伴随着贫困人口收入水平日渐提高，对金融服务产生了更广泛的需求，小额信贷产品从单一的贷款服务发展到包括信贷、储蓄、保险以及支付等在内的一揽子综合金融服务体系，实现了从 Microcredit 到 Microfinance 的转变，国内文献一般将此描述为从小额贷款到微型金融的转变，代表着普惠金融进入到微型金融时期。二是小额信贷发展失序以及客户过度负债带来的小额信贷危机，以及受世界金融危机的冲击影响，小额信贷规模一落千丈，减贫效果也受到怀疑。为了应对此困境，国际组织提出了"实现普惠性金融"的新目标，即把所有阶层的客户，包括被小额信贷排斥在外的极贫者纳入全新的金融体系之中，依靠科技进步与新的经营模式，以及全球合作，实现小额信贷与正规金融体系的融合，为仍旧受到金融排斥的群体提供更加广泛的金融服务，并改善他们的生活。随着互联网、大数据、云计算等技术的发展和智能设备的普及，数字化将成为未来推动普惠金融发展的最重要因素，并在普及移动货币账户、准确识别贫困群体、提高金融基础设施互通互用性等方面实现新的突破。综上所述，普惠金融发展历程可概述为表 1－4。

表 1－4　普惠金融发展历程

	服务对象	服务机构	服务范围	目标	特征
15 世纪至 20 世纪中叶	以农民为主 的贫困人口	国营与 福利组织	低息贷款	扶贫	孤立分散 慈善性质
20 世纪 50—70 年代	以农民为主 的贫困人口	国营 金融机构	补贴信贷	扶贫	成本过高 效率低下

（续）

	服务对象	服务机构	服务范围	目标	特征
70—90年代	包括非农贫困人口	小额信贷机构	信贷	扶贫	福利主义小额信贷
90年代中期到金融危机	包括非农贫困人口	小额信贷机构	信贷、储蓄、保险、支付等金融服务	扶贫与机构营利，扩大融资	制度主义小额信贷微型金融
金融危机后	所有主体关注穷人	全部金融机构	全部金融服务	降低成本提高可得性实现金融普惠	构建普惠金融体系

2 普惠金融的国际实践 ///////////////////////

2.1 普惠金融的国际实践：孟加拉国

2.1.1 格莱珉银行的发展历程

孟加拉国是世界上人口密度最高的国家之一，领土面积小，人口数量多，其中农村人口达 85% 以上，是全球经济最不发达的国家之一，除了贫瘠的经济基础和落后的社会生产之外，地震、台风、洪涝、干旱等自然灾害也时常发生。

1974 年孟加拉国遭遇了一场毁灭性饥荒，尤努斯开始面向无力提供贷款抵押的贫民开展小额贷款试验项目。1983 年格莱珉银行诞生，1995 年实现盈亏平衡，1998 年孟加拉国遭遇百年不遇的特大洪灾，格莱珉银行遭受重创，针对原有模式难以应对系统性风险的缺陷，着手改革"格莱珉一代"模式，形成了"格莱珉二代"模式。

目前，格莱珉银行已经发展成为孟加拉国最大的银行之一，也是商业性小额信贷最经典的案例，业务遍布孟加拉国 8 万多个村庄，向超过 800 万个借款者提供了小额贷款服务（Grameen Bank，2017）。在孟加拉国政府、人民和格莱珉银行的共同努力下，孟加拉国绝对贫困率从 1972 年的 82% 下降到 2018 年的 11.3%，格莱珉模式也被包括美国、墨西哥、土耳其等在内的几十个国家复制，在世界范围被证实为一种能有效消除贫困并具有可持续性的模式。格莱珉银行从创立、变革到如今的发展，不断追求"让所有人在有需求时能够以合适的价格，方便快捷并有尊严地享受金融服务"，既没有偏离为穷人服务的宗旨，也实现了自身可持续发展目标，是一个践行普惠金融的典范（杜晓山等，2017）。

2.1.2 一代模式

"格莱珉一代"模式的核心特征表现为无抵押＋小组放贷、顺序放贷＋分期等额还款、中心会议、定期储蓄等（谢世清和陈方诺，2017）。

（1）无抵押＋小组放贷

格莱珉一代模式采取无抵押的小组贷款方式，小组一般由相互认识，社会经济背景相似，但不存在血缘关系的 5 人通过自我选择组成，95％以上成员为妇女。在小组形成之前，银行会对潜在成员进行一周左右的培训，帮助他们更好地了解信贷项目及相关规章制度，并教授信贷、储蓄、信用等方面的知识。培训结束后，5 名组员以小组形式获得融资，相互承担连带责任，如果大家都按时还款，组员们将在下一个贷款周期获得一笔更大贷款，随着信用记录的建立，最终贷款规模将提高到足以支持他们建造房屋或者购买车辆；但一旦出现违约情况，其他组员必须代为偿还，否则所有人都将失去贷款资格[①]。小组放贷形式使组员之间形成了隐性共同责任，大大增强了各成员的自我约束、相互监督和社会制裁，将本应由金融机构承担的客户筛选、监督、合同执行等工作巧妙转移到了客户身上。可以说，小组承担着降低银行运营费用和减少贷款风险的作用。

（2）顺序放贷＋分期等额还款

格莱珉银行在小组内采用 2＋2＋1 顺序放贷，即最初向 2 名组员发放贷款，如果他们还款情况良好，则在 4～6 周后对另外 2 名组员发放贷款，而小组长作为最后一名放贷对象。顺序放贷规则激励着小组长监督并鼓励其他组员按时还款，实现了有效的风险约束。贷款期限以一年期为主，通常采用等额还款的方式，客户按期还清本息之后才有机会获得下一笔贷款。这种还款模式与传统模式的不同之处在于，客户在日积月累中分期完成还款，避免了到期还本付息带来的巨大资金压力，保证了较高的还款率。此外，格莱珉模式主要为贫困农户提供生产经营性贷款，对贷款资金使用有着非常严格的限制，其目的是帮助贷款者培养正确使用贷款的习惯。

（3）中心会议制度

中心是格莱珉模式的主要单元，由多个小组组成，每个中心选举出中心主任作为专门联系人，定期（通常是每周）组织会议。小组成员按期到中心开会，在联系人的协助下完成银行存款、贷款、还款等工作。与此同时，中心会议也是穷人建立"朋友圈"的重要平台，他们在会议上讨论投资心得、家庭发展、子女教育等问题，实现信息共享并提供互助。这种定期会议一方面可以督

---

① 这一规则在后期得到修正，即使有组员无法按期足额还款，也不影响其他组员的后续贷款。

促成员按期还款，另一方面，通过联系人制度确保了银行和客户之间的有效沟通，降低了银行因信息不对称问题和管理成本带来的潜在损失，从而保证还贷率。

（4）定期储蓄制度

格莱珉银行要求贷款者必须进行储蓄，储蓄是获得贷款的必要条件。储蓄方式分为两种，一种是每周强制性个人储蓄，存款额度固定，客户在注销会员资格之前，不能提取这些存款；另一种是小组基金，由中心成员共同拥有，银行在发放贷款时直接扣留 5％的金额存入该基金账户，基金用途由中心成员共同决定，原则上主要用于帮助困难成员支付还款。定期存款制度的初衷在于帮助贫困家庭培养储蓄习惯，通过储蓄摆脱信贷限制，同时以存款为抵押降低银行信贷风险。除了定期存款制度外，格莱珉银行还鼓励贷款者购买银行股份，成为一名股东。这样，每位客户将身兼贷款人、存款人和持股人三重身份，这种三位一体的经营模式增加了格莱珉银行的负债来源，有助于资金的流通和运作（吴璐和李富昌，2017）。

"格莱珉一代"模式在经历了 20 年的快速扩张之后，于 20 世纪 90 年代末陷入困境。一方面，客户拖欠贷款的规模开始增加，还款率远低于其声称的"98％"；另一方面，越来越多的客户不再参加每周召开的中心会议。1998 年，孟加拉国遭遇了百年不遇的洪水灾害，格莱珉银行在 60％以上地区的业务被中断，导致坏账迅速增加，甚至和许多借款人完全失去联系，机构营利性和财务可持续性均受到公众质疑。与此同时，国际上一些新兴的小额信贷模式开始涌现，成为业界新的关注点。在整个危机期间，格莱珉银行一直在深刻反思第一代模式的制度缺陷，并在 2001 年 3 月至 2002 年 8 月期间，用"格莱珉二代"模式取代了经典的"格莱珉一代"模式，共涉及 4 100 个村镇银行的1 175 家分行（李树杰，2007）。变革后的格莱珉银行在存款额、贷款额、会员数量、银行利润等指标方面都实现了巨大增长。

2.1.3 二代模式

1998 年孟加拉国特大洪灾以后，一代模式的缺点逐渐显露出来，比如最贫困的人群往往难以组建小组、组内监督成本高昂且难以实施社会制裁、客户不愿意出席中心会议、小组成员出现多样化贷款需求等。因此，二代模式在贷款方式以及业务运营上都进行了较大改革，一代模式的核心内容，包括小组贷款、分期还款、强制储蓄和小组基金等都发生了变化（杜晓山等，2017），经营目标也由第一代的"帮助穷人"转变为第二代的"以客户为中心"。

第一，从小组贷款和储蓄转变为个人贷款和储蓄。贷款方面，格莱珉二代正式放弃了连带责任制度，以个人贷款制度取而代之，银行根据每个借款者的储蓄余额、交易记录，以及中心会议出席率等指标确定信用额度。个人贷款模式有效降低了"好客户"的退出率，小组成员之间的紧张氛围也得到有效缓解。储蓄方面，小组基金账户被取消，所有储蓄均存入客户的个人账户。一代模式中的小组基金虽然名义上由中心成员共同拥有，但实际上主要由银行持有，随着小组基金规模日益庞大，成员们希望对这笔共同储蓄拥有更多的个人控制权。因此，格莱珉二代取消了小组基金，银行强制性扣除5％的贷款金额，一半存入借款者可以随时自由支取的个人账户，另外一半存入特别储蓄账户，该存款账户在最初三年不能进行支取。此外，每周的个人强制性储蓄额度也不再固定。

第二，贷款方式更为灵活。第二代格莱珉银行简化了贷款分类，将不同种类的信贷产品，如基本贷款、季节性贷款、家庭贷款等整合为了一种产品，即"基础性贷款"，其贷款模式与第一代产品基本相同，有着严格的偿还机制。客户从"基础性贷款"开始借贷，贷款额度、贷款期限等因人而异，如果按期还款，则和第一代模式一样，可以获得不断递增的授信额度。一旦借款者出现还款困难，则从"基础性贷款"转为"灵活贷款"，银行根据客户实际情况重新安排还款计划。借款者如果能严格执行新的还款计划，一段时间后可重新回到"基础性贷款"；如果继续出现拖欠，银行则再次与借款者重新谈判新的还款合同条款。"灵活贷款"作为"基础性贷款"的暂时处置手段，以简单化操作为拖欠贷款者提供了多样化选择。此外，在贷款利率方面，相比于第一代模式采用统一10％的利率，第二代模式针对不同贷款群体制定了不同的利率要求，比如经营性贷款为20％、住宅贷款为8％、教育贷款为5％、乞丐贷款为0％，从而使借款更加灵活。

第三，在业务运营上更加重视储蓄业务。从1985年开始，格莱珉银行就已经面向普通公众开放了储蓄账户服务，但是一直没有特意进行广告宣传，其公开形象更像是一家非政府组织而非正规银行，因此吸纳的储蓄量非常有限。格莱珉银行引进第二代模式之后，将吸引公共储蓄提高到了重要位置，其目的是增加自筹资金以满足信贷需求，不再像过去那样依赖捐赠资金。为此，二代模式增加了许多储蓄项目，比如养老金储蓄账户，要求每位贷款金额在8 000塔卡以上的客户必须在10年内每月向养老金账户至少储蓄50塔卡，10年后可以提取相当于 120 个月存款额两倍的资金。贷款保险储蓄则在借款者亡故的情形下，由保险基金付清所有未偿付贷款，借款者家属还可以全额获得该储蓄账户中的存款。此外，储蓄服务对象也由第一代的只限于会员扩大到非会员，开始大规模从普通民众中吸收存款。

第四，推出创新产品和服务。除了常规的储蓄和贷款服务外，格莱珉二代模式还推出了贷款保险和生命保险产品、教育奖学金、高等教育贷款、小微企业贷款、乞丐贷款等一系列产品，实现了从极端贫困群体到小微企业全覆盖，在普惠金融服务广度和深度方面都取得了巨大的进展（杜晓山等，2017）。格莱珉一代模式与二代模式的比较见表 2－1。

表 2－1　格莱珉一代模式与二代模式的比较

	第一代模式	第二代模式
贷款类型	基本贷款 季节性贷款 家庭贷款	基础性贷款 住宅贷款 教育贷款 经营性贷款
贷款利率	统一利率10%	经营性贷款：20% 住宅贷款：8% 教育贷款：5% 乞丐贷款：0%
偿付机制	通常为一年期 每周偿还固定数额	任何期限的贷款 每周偿还变动数额贷款 允许延长贷款期限
存款机制	小组基金	养老金储蓄账户 贷款保险储蓄账户 其他形式的储蓄

资料来源：（孟加拉国）道拉等，《穷人的诚信：第二代格莱珉银行的故事》，2007。

2.1.4　格莱珉模式的挑战与启示

2.1.4.1　主要挑战

格莱珉银行受到的挑战主要来自三方面：一是银行是否发生了使命漂移。格莱珉银行定位为穷人的银行，也针对乞丐等特殊群体提供了低息甚至零息贷款，但占比最高的经营性贷款利息却高达 20%，单笔贷款规模也不断攀升。有批评者指出，格莱珉二代模式无论是新产品设计、对投资行为的引导，还是对资金规模及利润的追求，都越来越多地服务于非贫困或稍贫困人群，正在悄悄褪去"普惠金融"的光芒，回到"普通金融"轨道上（唐涯和陆佳仪，2016）。不过，针对"使命漂移"质疑，杜晓山等学者并不认同，他们认为格莱珉银行仍然坚守着服务穷人的使命（杜晓山等，2017）；二是该模式能否在其他国家和地区普遍实践并进行完美复制。例如中国早在20世纪90年代便引进了格莱珉小组贷款模式，并于2000年初出台《农村信用社农户联保贷款问题指引》，全国自上而下推动小组贷款模式发展，但从实践效果来看，并未成功移植到中国本土，贷款规模一直止步不前，甚至在许多地区形同虚设（程士强，2018）。印度曾于2010年后期爆发小额信贷危机，70多人自杀身亡，也让很多人对该模式的有效性产生质疑；三是普惠金融发展受制于实体经济发展问题。近年来孟加拉国宏观经济实现了较快增长，但仍然存在政治冲突顽疾难改、基础设施薄弱、产业结构不合理、国际收支不合理等问题（李建军和杜宏，2017）。如果政府不能逐步健全和完善教育、医疗、卫生、就业等服务和保障体系，单纯依靠格莱珉银行在普惠金融领域发力，并不能从根本上解决孟加拉国的贫困问题和经济发展问题，也难以真正促进实体经济发展和人民福祉的提高。

2.1.4.2 经验启示

格莱珉银行被誉为"穷人的银行"，是一个面向特殊群体的金融机构，尽管面临一些挑战，但也具有诸多借鉴意义：

第一，坚持以服务社会底层群体和边缘群体为使命。格莱珉银行从成立至今，一直将小额贷款作为反贫困的关键策略，在目标人群选择上，比一般的普惠金融产品更为下沉，重点服务于有生产经营能力但缺乏资金支持的穷人，以及广大妇女劳动者。为此，格莱珉银行在选拔、培训员工、制定员工激励机制时，都紧紧围绕减贫使命，注重选拔了解贫穷、愿意通过努力工作改变贫穷的员工（张睿等，2017），并制定了衣食住行、教育、医疗、资产等十项指标评估会员是否脱贫。此外，格莱珉银行还注重对穷人的能力培养，包括金融知识、责任感、团结意识等。秉持金融普惠服务的初心，帮助农民走出贫困，正是格莱珉银行长期发展运营的立足之本，而许多普惠金融机构则在发展过程中逐渐远离弱势和贫困群体，背离了利和义的统一。

第二，充分考虑客户多样化和个性化的金融服务需求。第二代格莱珉银行推出了十分灵活的产品体系，比如根据农户信用状况和贷款用途设置不同的贷款额度、利率以及还款计划，并针对还款困难者推出"灵活贷款"，不仅帮助穷人渡过暂时难关，还增强了他们的信心和自立能力。此外，格莱珉银行尤其注重客户对金融服务便捷性和时效性的需求，存款、贷款、还款等关键环节均在中心会议上完成，大大简化了各项流程，提高了业务办理效率。格莱珉银行个性化的产品和服务设置，以及操作的便捷性是赢得农村客户并迅速发展壮大的关键。

第三，有效平衡服务穷人和财务可持续双重目标。如何实现服务穷人和财务可持续双重目标，一直是小额信贷机构面临的难题。在 1996 年之前，格莱珉银行大部分资金来源于低成本捐赠，从 1985 年到 1996 年使用的直接补贴和间接补贴总额达到 1.44 亿美元（Armendáriz 和 Morduch，2010），如果没有补贴，贷款利率必须提高约 75% 才能实现收支平衡（Morduch，1999）。1996年之后，格莱珉银行开始转向依靠吸储和自有资金实现财务平衡，通过开发新的储蓄产品，向非会员开放储蓄窗口，制定高于商业银行存款利率等手段解决了信贷资金来源问题。此外，格莱珉银行恪守金融原则，严格区分普惠金融和特惠金融的界限，坚持选择有还贷能力和还贷意愿的客户，这也是实现机构可持续经营的重要原因。

2.2 普惠金融的国际实践：印度

2.2.1 印度普惠金融整体情况

印度是普惠金融最早的探索者之一。和大多数发展中国家一样，印度绝大多数穷人生活在农村地区，金融普惠政策自然也以农村为重点。1947 年印度独立，1950 年印度共和国正式成立，学界一般将此视为印度普惠金融发展的起点，之后逐渐建立起包括国家农业与农村发展银行、合作银行、地区农业银行以及商业银行在内的完整普惠金融体系。参照现有研究，可将印度普惠金融的发展历程划分为三个阶段：

第一阶段是 20 世纪 50—60 年代，主要以合作金融模式推进普惠金融发展。早在 19 世纪晚期，印度南部德干地区农民因高利贷流离失所而爆发骚乱，为降低农民对非正规信贷部门的依赖，其宗主国英国政府便开始着手组建合作社，以此作为向农民提供贷款的替代性机构。建国之后，为了提高农民、小企业主等弱势群体的信贷可得性，印度在 20 世纪 50 年代推动了农村合作银行网络建设，该机构分为初级农业信贷协会、地区合作银行和邦合作银行三级结构。其中，初级农业信贷协会由农民集资入股形成，面向社员吸收存款并发放短期生产性贷款；初级农业信贷协会联合起来形成地区合作银行，向初级农业信贷协会提供贷款；各邦成立邦合作银行，为地区合作银行提供贷款服务。这一阶段，正规金融机构中仅有合作银行对农村贫困人口提供生产性贷款，但大部分贷款被一些大公司所垄断，加之20世纪60年代初许多银行倒闭，农民和小企业主的信贷流动性受到严重影响，政策效果并不显著。

第二阶段是20世纪70—80年代，主要以信贷补贴模式推进普惠金融。由于第一阶段的政策目标未能实现，英迪拉·甘地[①]于1969年发起了商业银行国有化运动。1969年14家商业银行被收归国有，1974年专为妇女提供金融服务的Shri Mahila Sewa Sahakari银行成立，1975年地区农业银行成立，1982年国家农业和农村发展银行[②]成立（National Bank for Agriculture and Rural Development，简称NABARD）。各类正规金融机构全面进入农村，成为普惠金融的主要供给者。这一时期，印度储备银行作为中央银行，发起了优先部门信贷计划（Priority Sector Lending），要求所有商业银行，包括国有及私人银行，至少将净贷款额度的40％投放到难以获得正规机构信贷支持的部门，即优先部门（如农村地区、微型和中小型企业等），并提供债务减免或利息减免计划，其目标是减少乃至完全消除这些部门对非正规信贷渠道的依赖。20世纪80年代初期，印度又通过了农村综合发展计划[③]（Integrated Rural Development Programme，简称IRDP），这是有史以来规模最大的以信贷补贴为主导的扶贫项目，主要帮助贫困线以下的贫苦农民获得生产资料和其他投入物，扶持他们增加收入，摆脱贫困。印度中央银行的调查表明，信贷补贴政策确实取得了巨大成功，1951年至1981年间，农民来自商人、地主等职业放贷者的负债从80％下降到24％，来自合作社、银行和政府等机构的贷款从7％上升到61％，非正规机构对乡村信贷市场的控制被打破。但是，信贷补贴政策并没有覆盖大部分的农村穷人，并带来了许多新问题，比如优惠贷款流向了富裕农户，农户贷款数量和规模都没有显著上升，农户贷款利率甚至不降反升，银行不良资本高企，本土中介仍然发挥着重要作用等（米运生、吕长宋，2014）。NABARD在20世纪80年代开展的一系列研究也表明，尽管印度在农村地区

---

① 印度第一位女总理。

② 印度国家农业与农村发展银行承接了印度储备银行（印度中央银行）的农业信贷职能和农业再融资与发展公司（ARDC）的转贷款职能。其注册资本全部来自印度政府和印度储备银行。

③ 1999年农村综合发展计划项目被乡村自我就业计划（Swarnajayanti Grameen Swarozgar Yojana，简称SGSY）取代。

建立了广覆盖的银行分支机构，但最穷的人群仍然没有进入正规银行体系，尤其是少地农民、无地农民等社会地位和经济地位低下的阶层。如何寻找新的方法和途径使穷人获得更加充分、及时、适宜的金融服务与产品，成为印度下一阶段普惠金融发展的重要目标。

第三阶段是 20 世纪 90 年代至今，主要以小额信贷模式推进普惠金融发展。这一阶段，印度小额信贷整体沿着两条路径同步推进，分别是 SHG[①]-银行联结模式（SHG-Bank Linkage Program，简称 SBLP），以及传统的机构小额信贷模式。前者指银行与 SHG 之间以互惠方式联合起来为穷人提供银行储蓄和信贷窗口，后者则借鉴了孟加拉国格莱珉银行和拉丁美洲小额信贷的创新做法，通过个人贷款（Individual Liability Lending）或小组贷款（Joint Liability Lending）方式直接为穷人提供信贷服务。这两种模式几乎同时起步于 20 世纪 80 年代末，但从发展势头来看，SBLP 模式更受欢迎，被印度商业银行、地区农业银行、合作银行三大银行机构广泛采用，许多邦政府也投入了大量的公共资源来培育 SHG，金融联结模式很快发展成为印度主流的小额信贷方式。从 1992 年 NABARD 对 500 个 SHG 发起正式试验，至 2019 年 3 月 31 日[②]，SBLP 模式已经覆盖了全印度 1 250 万个家庭，向 5 077 万个 SHG 提供了 8 700 亿卢比贷款，其中 88% 的贷款支付给了农村妇女团体。随着数字化技术发展，2015 年 NABARD 在印度的贾坎德邦和马哈拉施特拉邦启动了名为 "EShakti" 的 SHG 数字化试点项目，其目的是运用数字技术手段帮助银行更全面地掌握 SHG 及其成员的家庭人口状况和财务状况，并加强对 SHG 的信用评估与联系。2016 年数字化试点工作扩大到 23 个县，2017 年底进一步扩大到 75 个县，到 2019 年 3 月 31 日，已经覆盖了印度 22 个邦的 100 个县和 1 个群岛，利用 EShakti 提供的数据，银行有效增加了对 SHG 的信贷投放。印度普惠金融增长的另一个渠道是机构小额信贷。近年来，随着印度储备银行放宽非银行金融机构进入小额信贷市场的市场准入，机构小额信贷业务也实现了强

---

① SHG 是指在中介机构（包括 NGOs、银行分行或政府机构等）帮助下，由 10~20 名具有相同经济社会背景的本地居民组成的本地化群体。SHG 实行自我管理，以自助、团结和互利为运行原则。其成员定期将小额储蓄存入一个联合的银行账户，组建小组基金，SHG 可以利用这笔共同资金向成员发放有息小额贷款，贷款目的、金额、利率和还款计划均由小组成员自行决定，并进行记录。当 SHG 成立 6 个月以上并建立起良好的内部储蓄和还款记录之后，便可以采用小组担保形式向商业银行贷款，然后再转贷给成员，贷款规模可达到其储蓄规模的 1~4 倍，甚至更高。SHG 定期召开小组会议，鼓励成员一起商讨面临的各种问题，并努力找出解决方案。

② 印度的财政年度为每年的 4 月 1 日至次年 3 月 31 日。

劲增长，目前参与者众多，包括银行、营利性小额信贷机构（Microfinance Institutions，简称 MFIs）、非营利性小额信贷机构（Not - for - profit Microfinance Institutions）、非银行金融机构（Non - banking Financial Companies，简称 NBFCs①）、小型金融银行②（Small Finance Banks，简称 SFBs）等。随着数字技术发展，小额信贷机构开始大力推动数字支付、数字信贷等业务。此外，2016 年印度储备银行发布 P2P 贷款指导方针，这些举措都为进一步提高印度小额信贷服务广度和深度提供了新的机会。

2.2.2　印度普惠金融的成功做法

如上所述，目前印度普惠金融主要通过 SBLP 和机构小额信贷模式双轨推进，由于机构小额信贷所起的作用相对较小，而且与孟加拉国格莱珉模式有诸多相似之处，此部分重点围绕金融联结模式展开分析。从字面上看，SBLP 指 SHG 和银行之间的金融联结，但在实践中常常还涉及本土中介机构，如政府机构、小额信贷机构、NGOs 和其他社区组织等。根据银行和 SHG 是否通过中介机构形成金融联结，SBLP 分为两种模式。第一种是直接金融联结（Direct Financial Linkages），指银行自己组建和培训 SHG 并经由 SHG 将资金转贷给农户，即通过"银行-SHG-成员"渠道实现信贷发放；第二种是便利联结（Facilitating Linkages），指银行雇佣本土中介并向其支付佣金，由中介代表银行从事客户筛选、贷款发放、监督和还贷等业务，即通过"银行—本土中介—SHG—成员"渠道为客户提供贷款。大多数情况下，中介机构同时也是 SHG 的组建者和培育者，充分了解小组成员的信用等基本信息，而小组成员也充分相信它们，银行通过雇佣这类中介机构可以有效降低客户甄别风险，并降低交易成本。近 30 年来印度的金融联结实践成功证明了 SBLP 模式是向低资产穷人提供正规金融服务的有效工具。其成功经验可总结为以下几点：

首先，大力培育 SHG 促进普惠金融发展。银行通过 SHG 向穷人提供金融服务，将银行的资金优势和 SHG 的信息优势结合起来，是印度普惠金融取得成功的关键因素。这种制度选择既与印度农村人口依赖非正规方式进行储蓄和借款的传统有关，也体现了政府对本土中介作用的充分认可。SHG 在金融

---

① 按印度央行的定义，NBFCs 指从事金融活动但没有银行牌照的公司。NBFCs 是印度中小企业、非正式部门以及乡村企业重要的信贷供给者。

② 小型金融银行的牌照主要发放给微型金融机构和地区银行，旨在为受到金融排斥的群体提供服务，大部分贷款金额被限制在 250 万卢比以下。

联结中发挥着多重功能，在信息获取、成本控制、储蓄动员、穷人赋权、生计改善等方面均有显著优势。其一，SHG 成员来自同一个村庄、很多有着同一血缘关系或某些交易关系，对彼此的生产生活、财产状况、信用等级、努力程度等信息掌握比较充分。NABARD 的研究发现，SHG 与银行进行联结，减少了银行职员在贷者识别、繁文缛节、监督和贷款回收等方面的时间。此外，金融联结还大大提高了银行的客户规模，有效降低了单位贷款成本，贷款风险也得到了较好的控制；其二，对穷人进行有效储蓄动员是普惠金融发展的重要目标之一，而 SHG 在这方面有着天然优势。20 世纪 70—80 年代印度的信贷补贴实践使人们意识到，对穷人而言，储蓄和信贷服务是同等重要的，因此 SBLP 机制设计中对储蓄动员高度重视。小组成员需要定期存款，在向银行申请贷款之前，这些存款用于满足组内成员的小额资金融通需求，在向银行申请贷款时，这些存款又成为 SHG 与银行谈判的筹码。这种以小组储蓄和内部贷款为重点的产品设计，培养了穷人节俭和按期还款的金融素养，也充实了银行的贷款资本。很多官方研究报告均显示，SHG 内部融资所占的比例相当大，以 2018—2019 年度为例，印度商业银行、地区农业银行、合作银行三大银行合计为 269.84 万个 SHG 提供了信贷服务，发放贷款总额 5 831.76 亿卢比；而同期也从 1 001.42 万个 SHG 吸收了 2 332.24 亿卢比储蓄（NABARD，2018）；其三，通过 SHG 实施穷人生计改善计划。印度很高比例的 SHG 是妇女自助团体，女性农业劳动者是印度社会中最贫困的阶层，很多人没有一技之长，因此仅仅提供信贷服务是不够的，帮助他们有效识别市场需求、提高生产规模、制定商业计划和营销战略等，对实现可持续生计同样重要。为此，印度政府和民间机构为 SHG 成员提供了大量的创业能力培训，包括创业技能、记账方法、营销策略等。此外，还采取了很多方法来保证农民的可持续经营，比如在农村地区建立每周市场（HAATS）①，方便农民就近出售产品；推动 SHG 和企业合作，由 SHG 负责生产，企业负责品牌建设和市场营销，从而使 SHG 成员能以更低的成本进入市场；组织同一地区的 SHG 集中销售农产品、林产品、陶器等货物，提高产品在终端市场的销售价格；帮助农户进行品牌建设和推广，提高产品附加值，并帮助他们把偏远乡村生产的产品卖到城市甚至出口海外；推动农村产业集群建设，莫拉达巴德（Dabad）的铜器、阿格拉（Agra）的鞋子、库尔贾（Khurja）的陶器和哥印拜陀（Coimbatore）的针织

---

① HAATS 类似于中国农村集市。

品等都是成功的集群例子，SHG 通过与集群内企业建立有效联系，在原料供给、产品设计、技术投入等方面获得全方位支持（Karmakar，2008）。可以说，SHG 通过组织储蓄、贷款和社区发展，实现了普惠金融发展和穷人赋权的双重目标。

第二，政府和金融监管部门合力支持普惠金融发展。印度政府在推进普惠金融发展过程中起着总舵手作用。2005 年印度政府正式提出普惠金融概念，引导农村金融服务从单一信贷业务转向包括储蓄、保险、汇款、投资等一揽子业务；2014 年推出"国家普惠金融计划"，旨在全国范围内实现每户至少一个基本账户、金融知识普及、信贷可及等目标；2020 年发布《普惠金融发展国家战略（2019—2024 年）》，提出未来印度普惠金融的六大目标[①]。印度储备银行、印度国家农业和农村发展银行作为普惠金融政策的具体执行者，作用同样重要。其中，储备银行作为中央银行，主要职能是根据每一阶段普惠金融发展目标，对各类机构的运营进行指导、管理和监督。比如，在优先部门贷款计划中，定期制定优先部门名单，强制性规定商业银行必须将一定比例的信贷投放到这些部门；适时设立新型普惠金融机构，如小型金融银行等，以提高边缘人群的信贷可得性；为普惠金融机构制定合适的利率上限，在保障穷人利益的同时，确保金融机构的可持续发展；允许银行在大规模粮食歉收情况下对涉农贷款进行重组，而不必计提不良贷款；在全国进行金融知识普及等。可以说，储备银行的上层指导使印度普惠金融逐渐从对信贷补贴和国有银行的依赖中抽离出来，逐渐创建出一个更加有造血功能的普惠金融体系。国家农业和农村发展银行作为政策性金融机构，主要目标是通过有效的信贷扶持及相关金融服务，促进涉农产业的改革与发展，保持农业的持续稳定发展和农村经济繁荣（栗华田，2002）。该银行除了承担再贷款、信贷计划指导和监测农村信贷流量三项基本职能外，还大量参与了印度的各种开发活动。比如 SBLP 从早期试点到正式推广，再到后期的数字化改革，均离不开 NABARD 的参与和指导。此外，NABARD 还建立了许多基金，包括研究与发展基金、优惠贷款扶持基金、农业与农村企业孵化基金、流域开发基金、SBLP 项目基金等，以支持普惠金融项目的顺利开展。

第三，利用现代技术创新覆盖边缘人群。印度自 1947 年独立以来一直没

---

① 六大目标包括普及金融服务、提供基本金融服务、提供谋生和技能开发的机会、提供金融素养与教育服务、提供客户保护和申诉补救、实现有效协调。

有统一的国民身份证制度，无正式身份证明的群体曾超过 5 亿人，这既限制了民众开设银行账户，也限制了基础金融服务的普及。印度将数字科技运用到身份识别中，建立了基于生物识别的身份证数据库"了解你的客户"（Know Your Customer，简称 KYC）平台，自 2009 年起开始实施名为"Aadhar"的生物身份识别项目，近年来已完成对 12 亿人的生物识别数据采集工作（包括照片、十指指纹和虹膜扫描），覆盖印度 90% 人口。穷人可以凭借 Aadhar 身份识别卡开设银行账户并获得贷款、支付等一系列金融服务，这极大地提高了普惠金融服务的广度和深度。此外，印度鼓励各金融机构加强信息通信技术的使用，比如提供移动银行业务，为业务人员配备 IT 设备，增加对偏远地区 ATM 机的投放等。2015 年印度政府提出"数字印度"倡议，开始在网贷行业、支付行业、征信行业、个人理财行业、众筹行业等细分领域全面推进金融科技创新，这些都为印度普惠金融快速发展提供了强有力的支撑。

2.2.3 印度普惠金融的挑战与启示

第一，金融联结模式拓展受阻。尽管印度的 SBLP 取得了巨大进展而且绩效斐然，但 2010 年左右开始出现趋稳迹象，不良贷款率偏高、数字化进程缓慢、规模优势下降等问题逐渐浮现出来（NABARD，2016）。实际上，SBLP 模式增长率下降既与印度政府将普惠金融重心转向银行信贷业务有关，也与 SHG 自身功能日益萎缩有关。根据 NABARD 数据，从 2006 年至 2010 年，SHG 的大部分业绩指标出现了负增长，2018 年 SBLP 模式下的银行不良贷款规模达到 462.8 亿卢比，不良贷款率上升到 6.1%。NABARD 委托国家银行管理研究所（National Institute of Bank Management）对北方邦四个区[①] 500 个 SHG 的不良贷款问题进行研究后发现，在部分地区 SBLP 模式并不具备很强的根植性，包括本土中介对 SHG 支持不足、SHG 成员缺乏足够的培训机会且经营收入低下、成员策略性违约问题等。而另一份在比哈尔邦（Bihar）和奥里萨邦（Odisha）开展的 SHG 质量与可持续研究也发现，约 1/3 的 SHG 并没有实现内部融资，37% SHG 的银行还款率低于 50%，内部资金贷款的违约率也非常高。加上 SHG 成员文化水平较低，以及城市化进程带来的人口流动，严重影响了 SHG 的质量。2000 年以来，SHG 的市场份额逐渐被小额信贷机构挤占（何光辉和杨咸月，2011），部分地区的银行开始收缩对 SHG 的

---

① 分别为哈多伊（Hardoi）、戈拉赫布尔（Gorakhpur）、巴里（Bareilly）和哈米尔布尔（Hamirpur）。

贷款，金融联结模式在印度的持续拓展面临着巨大挑战。

第二，信贷无序增长带来的危机。2010 年印度爆发严重的小额信贷危机，70 多人自杀身亡，严重损害了小额信贷行业的声誉，很多人对小额信贷的有效性产生质疑（何光辉和杨咸月，2011）。这次危机之所以出现，与印度小额信贷产业的快速扩张有直接关系。以印度最大的营利性小额信贷公司 SKS 为例，从 2002 年至 2010 年，有效借款人数从 1.11 万人增加到 666.2 万人，年均增长率达到 150%，远高于其他发展中国家小额信贷的扩张速度。随着小额信贷市场出现无序竞争，机构开始无节制向穷人发放贷款，最终导致穷人因过度借贷而家破人亡。这场危机让大家意识到，普惠金融不仅仅关乎如何提供信贷服务，还需要匹配一系列政策及措施来提高穷人的生产技能、企业家才能、金融素养等，并有效管制金融机构过度放贷，才能确保普惠金融的可持续性。

2.3 普惠金融的国际实践：日本

2.3.1 日本农业现状及农政背景

作为一个发达国家，日本普惠金融问题主要围绕农业金融问题展开。与中国农业资源禀赋类似，日本农业发展也面临着严重的人地矛盾问题。日本国土面积 37.78 万平方米，2020 年人口总数约 1.26 亿，人口密度每平方公里 348.3 人。耕地面积 442 万公顷，约占国土面积的 11.70% 和世界耕地面积的 0.24%，是世界上耕地率最低的国家之一。因此，如何解决农业经营体[①]与农地经营相关问题一直贯彻于日本农业发展的主线之中。另外，日本长期深受农本主义影响，特别是明治时期以来，重农思想为日本农政的实施奠定了坚实基础。

二战之后很长一段时间里，日本实施以小规模自耕农为主体的经营制度。以 1961 年出台的《农业基本法》为起点，农政目标出现重要变化，开始转向促进小规模兼业户退出农业，扩大专业经营体的农地规模经营。为了与农政变革发展相匹配，日本通过立法等措施不断建立和完善农业金融体系，尤其是全

---

① 当前日本的农业经营体应至少满足以下条件之一：a. 经营耕地 0.3 公顷以上；b. 满足下列条件之一：蔬菜栽培面积 0.15 公顷以上，大棚蔬菜栽培面积 350 平方米以上，果树栽培面积 0.1 公顷以上，花卉栽培面积 0.1 公顷以上，大棚花卉栽培面积 250 平方米以上，饲养奶牛或育肥牛 1 头以上，饲养生猪 15 头以上，饲养蛋鸡 150 只以上，年间肉鸡出栏数 1 000 只以上；c. 年农产品销售额达到 50 万日元；d. 从事农业托管服务。

方位、广覆盖、大规模的农业政策金融体系有效支撑了日本农业近代化发展与农业基础设施建设,并推动了农业经营的规模化、专业化和多元化发展。从二战后至今,日本农业政策的展开大致可以分为以下五个阶段:

农地改革阶段(二战后—20世纪50年代初)。二战之后,为了推动农村民主化以及经济复苏,稳定农业生产并保证粮食供给,1945年日本拉开了农地改革的序幕。1946年出台《农地调整法改正法律案》与《自耕农创设特别措施法》,正式建立自耕农制度,极大地促进了农业生产力发展。为了实现农地改革目标,日本相继出台了《农业灾害补偿法》《农业协同组合法》《土地改良法》等配套法案,从金融、互助、公共事业等各个方面维护新兴自耕农经济。

自立农政阶段(20世纪50年代初—60年代初)。1951年日本颁布"经济自立3年计划",标志着进入自立农政阶段。为了实现农业经济自立,日本在财源上全力保证农业部门的粮食自给率,但为了维护农地改革成果,继续严格限制个人农地占有面积与土地流转。其中,《农业委员会法》(1951)、《农地法》(1952)均严格限制农地买卖租赁与个人占有土地面积的上限。这一时期,农业经营主体依然是小规模农户,为了促进农业增产,支持和保障小农经营发展,日本农业政策金融体系逐步建立起来,其中以农林公库资金(1953)、天灾资金(1955)、农业改良资金(1961)为代表的政策性金融资金成为该体系中的重要内容。

基法农政阶段(20世纪60年代初—70年代初)。20世纪60年代开始日本进入经济起飞阶段,高速增长的经济进一步拉开了农业与其他产业的收入差距,以小农为基础的自耕农制度已经无法满足日本城镇化与工业化发展需求,此后农政改革开始围绕农地规模化经营及农业效率化经营展开(叶兴庆和翁凝,2018)。1961年出台的《农业基本法》中首次提出扩大农地经营规模目标,鼓励和引导农户间进行农地所有权转让,有意识培育"自立经营农户"。此后,日本进入基法农政阶段,开始推动农地流转与规模经营,同时放宽土地保有规模上限并开展农地信托业务,以改变细碎的小农生产格局。为了实现农业现代化与机械化,日本于1961出台《农业现代化资金助成法》,设立农业近代化资金制度,至此,日本的农业政策金融体系基本得以确立。

综合农政阶段(20世纪70年代初—90年代初)。1970年日本颁布"关于综合农政的推进",标志着正式进入综合农政阶段。在此时期,日本进一步修订了《农地法》《农业基本法》《农振法》等一系列法律法规,并出台《增进农地利用法》,全面推进农地流转与规模经营,并放宽对农业经营主体的限制,经营主体逐渐向多元化、组织化和专业化方向发展。

新农政（新基法农政）阶段（20 世纪 90 年代初至今）。随着国内外经济环境的变化，日本开始强调农业的多功能性。1992 年制定《新的食品、农业、农村政策方向》（新农政计划），掀开了新农政序幕。在此阶段，日本一方面数次修订《农地法》《农协法》《农促法》《农振法》，并制定新的《食品·农业·农村基本法》（新农基本法），进一步放宽对农业经营主体的限制，允许法人①开展农业生产经营；另一方面，积极培育骨干农民及其他经营主体。此后，日本农政目标全面转向"促进农业实现稳定高效经营"。

上述五个阶段日本农业经营主要特点总结见表 2-2。

表 2-2　日本各农政阶段农业经营特点

阶　　段	农业经营特点
农地改革 （战后—20 世纪 50 年代初）	严格控制个人占有土地面积上限与农地流转，维护自耕农制度
自立农政 （20 世纪 50 年代初—60 年代初）	个人占有土地面积与农地流转依然受限，基于自耕农制度开始构建农业政策金融体系
基法农政 （20 世纪 60 年代初—70 年代初）	推动农地流转与规模经营，开展农地信托业务，农业政策金融体系基本确立
综合农政 （20 世纪 70 年代初—90 年代初）	全面推进农地流转与规模经营，经营主体走向多元化、组织化和专业化
新农政（新基法农政） （20 世纪 90 年代初至今）	经营主体类型进一步扩大并鼓励法人化，促进农业实现稳定高效经营

2.3.2　日本的农业金融问题

在不同农业发展阶段，日本的农业经营主体和面临的农业经营问题均有所区别，农业金融也担负着不同的任务和使命（表 2-3）。在以小规模自耕农为主体的农地改革以及自立农政时期，农业金融的主要任务是解决小规模自耕农贷款难问题。而在基法农政以及综合农政时期，伴随着农业市场化程度提高，农业生产资金需求不断增加，农业金融的任务转向如何为数量众多的小规模农

---

① 日本的农业法人主要有三种形式：一是以营利为目的的公司法人；二是依据《农协法》设立的具有合作社性质的农事组合法人；三是依据《农地法》成立的，利用土地进行农业经营的法人，也称为农业生产法人。

业经营体提供充足信贷资金。进入新农政（新基法农政）阶段以来，日本小农户数量不断减少，农地规模经营程度及农地流转程度较以前大幅提升，农业经营主体变得多样化，农事组合法人和公司等开始从事农业生产经营。与这种变化相适应，农业金融的重点服务对象转向数量不多，但单笔贷款需求非常大的农业经营体①。无论在哪一个阶段，无论日本农业政策的方向和目标如何发展、转变，农业金融体系一直扮演着为各类农业经营体提供资金支持的重要角色。

表2-3　日本各阶段农业金融问题

时　期	农业金融面临的主要问题	阶　段
战后—20世纪50年代	小规模自耕农贷款难问题	农地改革、自立农政
20世纪60年代	金融资源错配问题	基法农政（政策金融体系框架确立）
20世纪60年代—80年代	向数量众多的小规模农业经营体提供充足贷款	基法农政、综合农政
20世纪90年代至今	向数量不多，但单笔贷款需求非常大的农业经营体提供灵活贷款	新农政（新基法农政）

资料来源：農林中金総合研究所「農業金融の現状と農協の役割」。

2.3.3　日本农业金融体系框架

农业生产具有波动大、收益低、经营零细、资本周转期长等特征，因而农业金融的健康发展离不开国家政策扶持。二战之后，日本逐步建立了完整的农业金融体系框架，并创设了农业信用保证保险制度，前者负责为日本农业经营者提供农业信贷资金，后者则通过信用补充机制提高农业经营者的信贷可得性。

现阶段，日本已经形成由农协（合作）金融、政策金融和商业金融为主导的农业金融体系（图2-1）。其中，以JA银行（农协、信农联、农林中金）系统为代表的合作金融，以及由财政资金推动的政策金融被认为是日本农业金融体系中的两大支柱，自20世纪60年代以来，两类贷款余额合计占比长期超过九成（张沁岚和杜志雄，2017），而商业金融在涉农业务上主要作为市场化力量起到补充作用。

---

① 资料来源：日本農林中金総合研究所「農業金融の現状と農協の役割」。

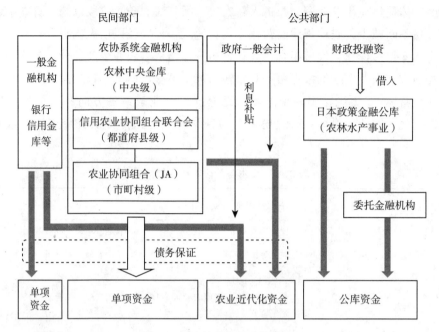

图 2-1　日本农业金融体系框架
资料来源：日本农林水产省。

（1）农协金融

日本农业协同组合（简称"农协"）具有半官半民性质，属于农民团体出资入股自发组成，并代表农民自身利益的合作经济团体，联结着分散的小规模生产与竞争激烈的大市场，提供的服务内容包括指导事业[①]、经济事业[②]、信用事业以及共济事业。农协的合作金融体系主要承担农协系统中的信用事业，即吸收社员的闲置资金后转贷给有融资需求的农业生产者、出资法人、村落农业经营组织及其他农业相关法人等。该体系由"农林中央金库（农林中金）-信用农业组合联合会（信农联）-基层农业协同组合（农协）"三级机构组成，中央、都道府县、市町村分别行使中央金融系统、区域内企业融资及资金管理、会员存贷款业务及其他相关服务职能。农协的三级机构互相之间不存在行政隶

---

① 指导事业分为农业生产指导和生活指导。前者指对农协成员进行农业政策指导、生产计划指导、生产经营指导等，以提高他们的生产水平为目的；后者指对农协成员进行消费、保健、文化教育、娱乐等方面的指导，以提高他们的生活质量为目的。

② 经济事业主要包括购买事业和销售事业。购买事业指集中为农民购买生产所需的各种生产资料、日用品和生活用品等；销售事业指农协接受社员委托集中销售农畜产品。

属关系，上级机构对下级机构只有指导和监督权利。

日本农协地位的确立和稳固，得益于与时俱进不断完善的法律基础。农协前身是1943年成立的战时统治时期的农业会，而农业会前身是1897年成立的农会和1900年成立的产业合作社。1947年日本政府颁布《农业协同组合法》，为农协成立提供了法律保障。1961年出台《农业基本法》，推动全国各地农协大规模合并。农协在长期发展过程中，其会员不再局限于农户，也吸纳了农村地区众多的非农业者（即农协的准会员），到20世纪80年代，农协在农村经济中的领导地位正式确立。为了应对外部环境变化以及金融机构经营恶化问题，农协不断推动经营一体化进程，20世纪90年代将三级组织体系改革为二级组织体系，把都道府县联合会合并到了全国联合会。基于《农林中央金库法》（2001）、《关于农林中金与特定农业系统组合等信用事业再编与强化相关法律》（2001）、《储蓄保险法》（2001）、"JA银行基本方针（2002）"，农协最终构建了"农林中金-信农联-农协"三方统一协调的JA银行系统。其中，农林中金发挥合作金融系统总行职责，负责制定综合战略并指导信农联与农协，信农联设立JA银行为县内企业提供融资并指导基层农协。为了增强农协经济金融活动的自由化，2016年日本进一步修正了《农业协同组合法》等相关法律，允许基层农协根据实际情况将部分组织机构变更为股份有限公司；全农可根据其选择改组为股份有限公司，实行独立核算、自负盈亏；废除以农协中央会为最高机构的中央会制度，取消其特殊法人地位，改组为一般法人，并废除其对基层农协的财务审计权和业务监督权，全面恢复基层农协的经营自主权；基层农协剥离信用和保险业务，分别交由农林中金和全国共济农业协同组合联合会管理，基层农协只作为上述业务的代理窗口等。

依托上述法律，日本农协实现了综合自主管理。一方面，农协各级机构具有独立自主的法人实体地位，上级机构为下级机构提供指导，实施监督，保证农协体系正常运行，同时为其提供一体化的资金融通和人才培训服务；另一方面，农协为各类农业经营者提供综合性社会化服务，实现了"保险共济＋融-产-加-储-销"全产业链网格式发展。这些服务不仅增强了农协会员抵御自然风险和社会风险的能力，还大大简化了市场交易关系，成功实现了规模经营，节约了信息费用、降低了农产品市场交易风险。

（2）政策金融

日本农业政策金融的主要目的是为了配合政府出台的农业政策，为那些公共利益需要却难以获得民间融资的项目提供贷款。相对于民间金融机构，政策金融机构依靠国家财政支持，在贷款额度、贷款利息以及还款期限等方面更具优势，弥补了农协等其他民间机构无法提供较大额度或较长期限农业贷款的缺陷。政策金融的资金来源包括政府提供的长期低息和无息贷款以及政府贴息的民间资本。融资对象为达到一定农业经营规模或一定农业收入水平的农业经营者。

根据农业发展需要，日本依据《农林渔业金融公库法》（1951）、《农业近代化资金助成法》（1961）等相关法律政令，相继设立了农林渔业金融公库资金（1953）、天灾资金（1955）、农业改良资金（1956）和农业近代化资金（1961）。这些资金的设立，标志着二战后日本农业政策金融体系基本确立，对农业生产经营提供了高密度融资支持和补贴，最大限度发挥了政策金融对农业的支持和保护作用，有效促进了土地改良、机械化、信息化，以及农业结构的合理调整。其各项资金的设置措施如表 2-4 所示。

表 2-4 日本政策金融构建脉络

年份	法律政策措施	措　　施	阶段
1951	出台《农林渔业金融公库法》	以立法形式明确了农业政策金融与相关农业政策的关联性，并指明政策金融对农业的支持重点、支持范围和支持力度	自立农政阶段
1953	设立"农林渔业金融公库资金"	为土地整治、乡村交通、水利、电力等农林渔业基础设施建设提供长期低息贷款	
1955	设立"天灾资金"	为遭遇暴风雨、地震、干旱、厚雪、冰雹等自然灾害而蒙受损失的农户提供救济性质贷款，确保他们生产的稳定性和连续性	
1956	设立"农业改良资金"	向引进新作物、新技术，或从事农产品加工、销售等具有一定挑战性业务的农业经营者提供无息贷款，包括技术导入资金和设施资金两类产品	
1961	出台《农业近代化资金助成法》	农民在兴修水利、平整土地、购买大型农机和进行农业技术改造时，由政府提供贷款或给予补贴	基法农政阶段
1961	设立"农业近代化资金"	与《农业基本法》相配套，为经营农业、林业、渔业及食品产业的农户提供信贷，支持设备投资与经营条件改善，促进农业机械、农业建筑等小额农业固定资产投资，将农协吸纳的存款尽可能留在农村，避免农村资金大量向城市集中	

资料来源：根据陈兵（2014）、刘洋（2016）、张季风（1995）、于培伟（2007）、叶兴庆和翁凝（2018）论文整理编汇。

自 20 世纪 60 年代以来，农林渔业金融公库资金（以下简称"农林公库资金"）约占日本农业政策贷款总额的 65％，近代化资金约占 30％，两者合计超过九成。此处主要针对这两项资金进行介绍。

农林公库资金是日本政策性最强、规模最大的农业政策金融资金，同时面向农业、林业、渔业、食品产业等提供信贷支持，累计设立过近百种资金种类，主要为开展土地整治、乡村交通水利电力等基础设施建设的农业经营者以及涉农中小企业提供长期低息贷款，日本进入低利息时代以后，贷款利率长期维持在 0.5％～1％。单就农业类资金而言，农林公库资金主要分设四大类资金：土地改良资金、自耕农维持资金、个别经营者资金、共同利用设施资金（图 2-2）。其中，土地改良资金主要用于土地开垦和改良事业，即农田改造、水利排灌工程建造、农村道路建设等项目，设立初衷是为了配套解决二战后粮食短缺问题；自耕农维持资金主要为农业经营者提供应对自然灾害或债务困境的金融支持；个别经营者资金向符合特定政策条件的个体农业经营者提供贷款，并基于贷款对象及使用目的进一步细分；共同利用设施资金则为共同利用农业设施的农协成员提供相应贷款资金。21 世纪初，日本农业基本实现近代化目标，并向组织化、法人制度化目标深入推进，经营者对多项政策金融资金的统合服务需求应运而生。根据《株式会社日本政策金融公库法》（2007），农林公库于 2008 年与日本中小企业公库、国民生活金融公库、冲绳振兴开发金融公库等政策金融机构统合为"株式会社日本政策金融公库"，并作为其中的农林水产事业部，继续服务于各类农业经营主体（张沁岚和杜志雄，2017）。

农业近代化资金为经营农业、林业、渔业及食品产业的农户提供信贷，支持农户建造房屋与仓库，购买农机具、果树、家畜，投资农业设备，改善经营条件，以推动农业机械、农用建筑等小额农业固定资产投资，并将农协吸纳的存款尽可能留在农村，避免农村资金大量向城市集中（张沁岚和杜志雄，2017）。与直接获得财政投融资的农林公库资金不同，农业近代化资金主要来源于以农协储蓄为主的民间资金，从这点上看，其政策性比农林公库资金弱，受实体经济的影响也更大。此外，农业近代化资金单笔贷款的额度较小，期限较短，对贷款者的要求也更宽松，大部分农业经营者都具备申请资格。值得注意的是，2005 年农业近代化资金的管理权被下放到都道府县，国家不再提供利息补贴，这意味着该类型资金的政策性功能基本消失。

日本农业政策金融与农协合作金融既自成体系又相辅相成。两者分工明确，政策金融体系主要提供长期、大额的设备贷款，帮助各类农业经营主体获得（或租赁）农地以及进行农业机械投资等；农协合作金融体系和商业银行体系则主要提供中短期的农业生产运营贷款，其资金主要用于支付生产资料、劳务费用等。农业经营者根据自身需求和条件申请不同资金，最大限度确保资金可得性。1964—2013年两类农业政策资金发放情况见图2-3。

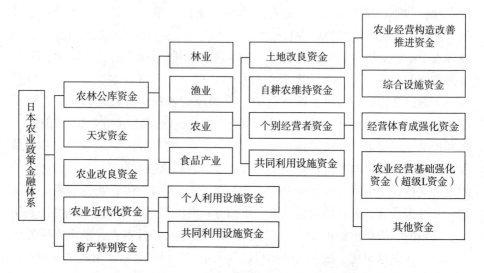

图2-2　日本农业政策金融体系的主要构成

资料来源：张沁岚，杜志雄.《战后日本农业政策金融的发展动向及对我国的启示》，2017。

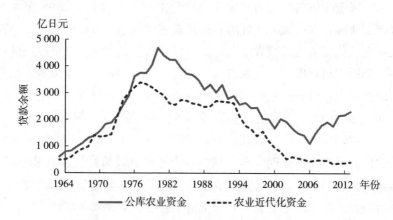

图2-3　1964—2013年两类农业政策资金发放情况

数据来源：根据（株）日本政策金融公库农林水产事业《业务统计年报》各年数据计算得出。

注：日本农业政策金融体系庞大，包括农业贷款、林业贷款、渔业贷款、食品产业贷款等。图2-3仅仅统计了其中的农业贷款，而不涉及其他种类的贷款。

2.3.4 日本农业保证保险制度

2.3.4.1 农业信用保证保险制度

日本完善的农业金融体系为农业经营者提供了灵活、有效的融资渠道，但如何保障各项资金安全稳健运行并落到实处，则需要相应的保证措施。从各国经验来看，农地是农业经营者获得贷款的重要抵押物，但是长期以来，日本的《农地法》《农业基本法》等法律对农地流转行为及流转对象实行严格限制，大部分农业经营者难以凭借农地抵押获得贷款，因此，通过信用保证获得贷款就成为农业贷款的主要方式。日本建立的农业信用保证保险制度不仅能有效解决农业经营者信用力不足问题，而且保证了各类政策性贷款的安全运行以及顺利融通。日本农业信用保证保险制度措施见图 2 - 4。

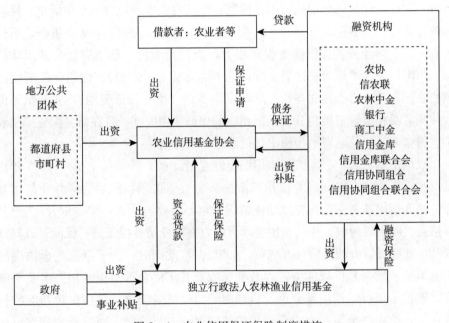

图 2 - 4 农业信用保证保险制度措施

资料来源：独立行政法人农林渔业信用基金「独立行政法人農林漁業信用基金パンフレット」、日本农林水产省「農業信用保証制度のご案内」、「【事例集】「農業信用保証保険制度」及び「信用補完制度」」。本节文字详解同。

注：图中"农业者等"包括：农业经营（从业）者；农协（包括农协成员）；农业协同组合联合会；农事组合法人；农业共济组合（联合会）；土地改良区（联合）；烟草耕作组合；农业振兴事业协同组合；农业振兴民法人；农业协同会社。

日本农业信用保证保险制度是基于《农业信用保证保险法》（1961），由地方政府、地方公共团体、农林中央金库等金融机构共同出资组建的农业信用基金协会（以下简称"基金协会"），对申请贷款的农业者提供债务保证，并由独立行政法人农林渔业信用基金（以下简称"信用基金"）基于该债务保证进行担保保险的制度，是日本农业金融体系的重要组成部分。该制度实质上由两个制度组合构成，一是实现农业者信用补全的信用保证制度，二是对信用保证制度进一步补充的信用保险制度，前者以基金协会作为保证人为借款者提供债务保证，以推动资金融通的顺利进行，而后者则是为了充分发挥基金协会的信用保证制度机能，将其债务保证向信用基金投保。两者相辅相成，缺一不可。

以基金协会为中心实施的信用保证制度设立于1961年，其初创目的是解决农户农业近代化资金信用力不足问题，为其农业生产贷款乃至生活贷款提供债务保证。经过多年发展，日本各都道府县先后成立了47个基金协会，不仅为农户等个体经营者提供债务保证服务，而且为农协、都道府县公共团体机构、市町村公共团体等提供资金融通服务（方成等，2001）。信用保证制度的核心在于，基金协会预先与相关融资机构签订"债务保证契约"，并与债务保证使用者及相关融资机构分别承担相应的保证使用额度，且在债务保证使用者不履行债务，相关融资机构提出代位清偿时代为偿还。

以信用基金为中心实施的信用保险制度则设立于1966年，并于1987年根据《独立行政法人农林渔业信用基金法》将农业信用保险协会、林业信用基金、渔业信用基金整合为农林渔业信用基金，由政府、农林中金以及47个基金协会共同出资构成，为基金协会承保的农林渔业债务保证进行保险，以降低农林渔业融资特有的风险（方成等，2001）。与此同时，为了降低基金协会的金融风险、增强其保证能力，以及确保农业共济组合等组织的相关事业与制度能够稳定运行，信用基金也为该类组织提供低息贷款。信用保险制度的核心在于，信用基金为基金协会做出的债务保证进行承保，而后者为此支付保险费用。当发生代位清偿事件时，信用基金向基金协会支付本息的70%作为保险金，而基金协会代位清偿的回收款也对应保险金的领受比例缴纳给信用基金。

农业信用保证保险法覆盖的对象资金包括特定资金（政策性贷款资金）和其他资金（非政策性贷款资金），详见表2-5。资金用途主要包括购买、修缮或改良农用建筑及农机具；购买、租赁、平整或改良农地；购买、蓄养家畜；购买、种植果树；加工、流通或销售农产品；购买肥料、饲料及其他营农用品；雇佣劳动力；持续性经营；资产与技术运用以及生活所需资金等。

表2-5 债务保证对象资金类型

	资 金	用 途	年保证费率
特定资金	农业近代化资金	设施资金、长期运营资金	1.00%以内
	农业改良资金		
	青年等就农资金		0.50%以内
	农业经营改善促进资金（超级S资金）	短期运营资金	2.00%以内
	农业经营负担减轻支援资金	营农为减轻债务负担而借入的资金（不包括政策性资金）	
	畜产特别资金	营农为减轻债务负担而借入的资金	
	畜产经营维持安定特别对策资金	维持经营以及重新经营的必要资金	
其他资金	农业者等必要的事业资金等	设施资金、运营资金	2.00%以内

资料来源：日本农林水产省「農業信用保証制度のご案内」、独立行政法人农林渔业信用基金「独立行政法人農林漁業信用基金パンフレット」。

注：不同地区设立的资金详细项目及年保证费率存在一定差别。

另外，基金协会在为农业近代化资金、农业改良资金等特定资金提供债务保证时，原则上无须担保物以及第三方担保人，不同资金因贷款规模差异较大，可保证额度也存在很大差异。其中，农业近代化资金最高可保证额度为个人1 800万日元、法人及团体2亿日元；农业改良资金最高可保证额度为个人5 000万日元、法人及团体1.5亿日元；青年等就农资金最高可保证额度为3 700万日元；农业经营改善促进资金（超级S资金）最高可保证额度为个人500万日元，法人及团体2 000万日元。对于无抵押担保要求的一般农业资金，不同贷款主体的可保证贷款额度上限分别为：个人最高可保证3 600万日元，非个人的农业从业/经营者最高可保证7 200万日元，其他农业主体最高可保证1.5亿日元，另外，新规就农者最高可保证3 700万日元。

近年来，随着日本农地准入门槛逐渐降低，越来越多中小企业进入到农业领域，也有更多农业者开展"产＋销"一体化经营，中小企业与农业联系日趋密切，农业相关资金需求也趋于多样化。事实上，在农业信用保证保险制度建立之前，早在20世纪50年代日本就建立了为中小企业提供信用保证的"信用补全制度"。与农业信用保证保险制度相类似，该制度本质上由两部分组成：包括都道府县一级的信用保证协会（共 52 个）作为保证人，为中小企业贷款提供融资担保的"信用保证制度"，以及利用日本政策金融公库保险来降低信用保证协会保证债务风险的"中小企业信用保险制度"。平均而言，中小企业只需向信用保证协会提供 1.15% 的年保证费率，在通过协会审核之后，便可通过债务担保获得相关融资。但需要注意的是，该制度虽然能够方便一些中小企业获得相应融资，但其基本业务对象依然是制造行业、营销行业以及服务行业相关个体，一般的农业经营者并非其担保保险对象。因此，如何促进为农业者提供保证服务的农业信用基金协会，以及为中小企业提供保证服务的信用保证协会构建相应的合作机制，是未来重要的研究课题和发展方向[①]。

2.3.4.2 农业融资保险制度

由于条件限制，农业信用基金协会无法为大宗农业贷款提供相应的债务保证，农业融资保险制度为此做出了相应补充。在农业融资保险制度下，融资机构可向信用基金提交贷款相关文件并签订保险契约，从而实现大宗农业贷款。大宗农业贷款原则上为 2 亿日元以上，对于部分基金协会无法提供债务保证的 2 亿日元以下贷款，也可提供服务。

与农业信用保证保险制度有所区别的是，由于基金协会不承担债务保证，农业融资保险制度要求信用基金跳过基金协会向融资机构提供直接保险服务。当发生保险事故，即超过贷款偿还期 3 个月时，信用基金需向融资机构支付未收回本金的 70% 作为保险赔付。

与农业信用保证保险制度基本一致的是，该制度覆盖的资金同样分为特定资金（政策性贷款资金）和其他资金（非政策性贷款资金）。特定资金可划分为农业经营改善资金[②]和农业经营维持资金[③]两类。在农业融资保险制度框架下，农业经营改善资金根据农业者结算报告，采用另行规定的农业经营评估方法决定其适用的保险费率。另外，当受灾农户重启农业经营，并且相关灾害被信用基金认定通过时，可依照灾害特例享受更低的保险费率。具体保险费率如表 2-6 所示。

---

① 资料来源：日本农林水产省「【事例集】「農業信用保証保険制度」及び「信用補完制度」」。

② 农业经营改善资金主要包括农业经营基础强化资金（超级 L 资金）、经营体育成强化资金、农业改良资金与青年等就农资金。

③ 农业经营维持资金主要包括畜产特别资金、农业经营负担减轻支援资金、家畜疾病经营维持资金、畜产经营体质强化支援资金。

表 2-6　农业融资对象资金及其保险费率

资　金		一般年保险费率	灾害年份保险费率	
			基本贷款利率下降30%以下	基本贷款利率下降30%以上
特定资金	农业经营改善资金	0.09%/0.20%/0.27%	0.20%	0.08%
	农业经营维持资金	0.51%	0.36%	0.15%
其他资金	农业设施资金	0.27%	0.20%	0.06%
	农业运营资金	0.27%/0.35%	0.20%/0.24%	0.08%/0.11%

资料来源：日本农林水产省「農業信用保証制度のご案内」。

注：本保险费率为2021年规定，不同时期的具体费率有一定差别。

2.3.4.3　农业共济制度

自古以来日本就重视对农业灾害进行救助，1929年制定《家畜保险法》、1938年制定《种植业保险法》，1947年上述两项制度被统合为《农业灾害补偿法》，后经不断修订和完善，逐步构建起"农业共济组合—农业共济组合联合会—政府特别会计"三级农业共济体系。其中，基层机构是设于市町村的农业共济组合，中级机构是以各都道府县为单位设立的农业共济组合联合会，高级机构是全国层级的下设于农林水产省的农业保险专门账户。

三级农业共济机构相互依存，同时各司其职。农业共济组合通过向农民收取保费形成保险关系，并负责向受灾农户理赔。但是，当出现异常严重的灾害，比如较大疫情、大范围病虫害时，基层组合无力独自承担大规模赔付，则由农业共济组合联合会和国家财政提供保险与再保险双重保障。事实上，国家也对农业共济团体的相关事务费用以及农户保费提供一定比例的补贴。另外，为了进一步分散风险，降低经营成本，提高业务效率，部分都道府县的农业共济组合进行了"1县1组合"合并[①]。日本农业共济制度措施见图2-5。

值得注意的是，作为农业信用保证保险制度核心部门的信用基金，同样参与到了农业共济事业中。具体而言，一方面，信用基金为各级农业共济团体提供必要的贷款，以实现农业共济制度的灵活运行；另一方面，农户在参与农业信用保证保险的同时，也参加农业共济，当遇到农业灾害风险时，除了从保证机构获得相应的保险金理赔外，还能获得共济金以及共济事业（再）保险金。

---

① 资料来源：日本农林水产省「農業共済制度の見直しについて」。

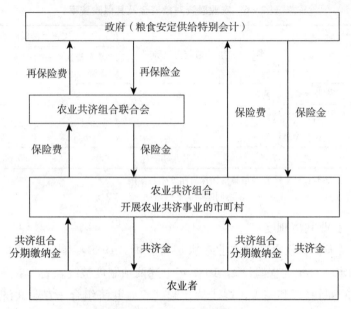

图 2-5 农业共济制度措施

资料来源：日本农林水产省「農業共済制度の見直しについて」。

除农业共济制度之外，农协、生协（消费者生活协同组合）、劳动组合以及渔协等日本其他经济合作组织也同样在推进共济事业。例如，农协共济事业根据《农业协同组合法》为农协会员及其家属提供人身健康、建筑物、车辆等方面的共济服务，以增强其抵御自然风险和社会风险的能力。此外，还特别针对农业经营者提供农业作业过程中的伤害共济以及特定农机具伤害共济服务，为作业过程中以及使用农机具过程中发生的医疗费等提供补偿。

2.3.5 日本农业金融的挑战与启示

2.3.5.1 主要挑战

在日本农业衰退的共识下，日本社会存在一种"家庭经营体系具有天然缺陷而必须推动法人化经营"的误解（清水徹朗和乔禾，2016）。在各阶段的农政改革进程中，逐渐构建出"个别经营—组织经营—法人经营"的制度发展路径[①]，并且在政策、金融等支持上更加偏向规模化与组织化程度高的农业经营体，尤其是大力推动股份企业化发展。

---

① 资料来源：日本岛根县政府「農業法人とはどのようなもの」。

　　近年来，日本农政的方向，或者说日本农业制度改革具有明显的组合化、法人化倾向，其改革进程比较激进，与此相对应的是，农业金融目标也快速转变为"如何解决少数信贷需求规模较大的农业经营体的资金融通问题"，其农业政策性贷款的主要服务对象也从过去的小农转变为大规模农户以及农业法人。相反，对占比最大的家庭经营体（图2-6）却缺乏重视以及必要的金融支持，迫使其只能通过政策性贷款之外的其他途径获得融资。在农业经营自由化政策导向下，农业经营无法保证较大的营利性，如果政策金融乃至合作金融不能对家庭经营体给予最大支持，那么，企业等组织经营体可能因无利可图而选择退出农业经营，而农户在信贷支持不足的情况下也可能选择离开农业，从而进一步加剧离农化等问题，对实现稳定、持续、高效的农业经营造成不利影响。

图2-6　2006—2017年日本农业经营体数量及构成情况

数据来源：農林業センサス、農業構造動態調査（農林水産省統計部）。

注：法人经营体包括农事组合法人、公司法人、各种团体（农协及其联合组织、农业保险组合、森林组合等组织）和其他法人（一般社团法人、一般财团法人、医疗法人、宗教法人等组织）。

　　日本在激进农政改革过程中暴露的问题深刻说明了，培养新型农业经营及服务主体不仅需要着重于"新型"，而且要重视"主体"，为最广大的经营主体提供必要、充足的政策支持与资金支撑。培育农业农村新动能，推进农业现代化，不能把"主体"与小农分裂开来，相反，要以"家庭经营"的小农为主，通过培育新型主体，促进小农与现代农业有机结合，提高其经营及服务能力，推动农业高质量发展以及农村三产融合。

2.3.5.2 经验启示

尽管日本农政改革过程中存在激进的组合化及法人化问题，但瑕不掩瑜的是，日本长期农政改革的丰富经验以及完善的金融资金制度框架结构，为其他国家提供了良好的借鉴价值。

第一，法律政令为基础的制度保证。日本农业金融体系是在各个时期的农政大框架下以《农业基本法》《食品·农业·农村基本法》等立法为保障，逐步推动构建并修正完善的。在此基础上，日本各项政策金融资金的设立、修订也有自身的法律、政令基础，比如在设立农林渔业金融公库资金、农业近代化资金、超级 L 资金的同时，分别出台了《农林渔业金融公库法》《农业近代化资金融通法》《农业经营基础强化资金实施纲要》，对资金的适用对象、用途、使用方法等各类要件做出了详细说明，为资金的有效利用提供了坚实的法律保障以及详尽的利用指导。可以说，缺乏合理的法律设置不仅无法切实保障农业经营者的利益，同时也不利于对农业经营者以及资金利用情况进行规范化管理及监督，难以形成有序成体系的综合制度，而立于法律基石之上的农业金融制度才具有长久的生命力以及活力。

第二，完善配套的合力支撑。日本农业金融制度措施并不是孤立存在的，而是服务于每一阶段的农政目标。以自立农政以及基法农政时期为例，该阶段日本仍处于战后经济亟须复兴的时期，农业政策目标主要是保证农业经营稳定性，并有效提高农业生产效率。因此，这一时期的农业政策均围绕如何保护小规模自耕农利益展开，相应地，农业金融问题重心也是解决小规模农户的资金供给问题。为此，日本基于立法措施，分别设立了农林公库资金、天灾资金、农业改良资金以及农业近代化资金等，初步构筑起日本政策金融体系。可以说，日本政策金融体系天然上就具有综合性特征，不仅给予了脆弱农户一张不至于经营破产的"安全网"，也为农户提高技术水平、改善经营能力提供了长足有效的资金保证。

另外，与日本政策金融体系相匹配的则是农业信用保证保险制度的同步推行。政策金融虽然弥补了商业金融面对农业融资"无利可图"的缺陷，但是对于大部分农业经营者而言，由于抵押担保品缺乏（政策金融原则上不需要担保物）或者信用不足，依然无法获得足额融资。农业信用保证保险制度为农户获得政策金融资金乃至其他资金提供信用保证，并为该保证提供保险服务，为农业政策资金的灵活运用提供了便利以及有效渠道。另外，农业共济制度与农业信用保证保险制度相辅相成，农业经营者在获得融资服务的同时，也能获得农业共济服务，生产经营可谓获得了双重保险保障。

第三，贯通"公共—民间"的连携体系。日本农业政策的发展，甚至农业金融制度的发展，并不仅仅由政府公共部门独力推动，而是通过政府与民间组织构建连携体系，实现政府与市场协调发展。该体系中最为突出的特点是农协组织与政府相关部门在农政大框架指导下紧密合作，互相促进。比如，农协负责提供农业生产所需的调制、保管与加工设施，而政府则负责提供和完善农产品流通基础设施，两者有力合作从宏观上为农业生产经营扫清障碍。

另外，日本在推动农业经营规模化、组织化的同时，推出配套的财政金融措施，与民间合力建立和完善社会化服务中间机构，为农业经营者的生产经营提供一系列的资金支持和技术服务支撑，降低其经营成本，提高其营利性。通过完善政策金融体系，推动地区合作组织与社会化服务组织相结合，实现"公共—民间"的连携推进，为农业经营主体提供了较为宽松的金融环境及合作环境。

3 中国普惠金融的理论与实践 //////////////

3.1 中国发展普惠金融的必要性

3.1.1 中国金融发展概况

改革开放以来，中国 GDP 从 1978 年的 3 678.7 亿元增长至 2020 年突破
100 万亿元，与宏观经济快速增长相匹配的是，中国的金融体系也日趋完善。
在各项改革措施的推动下，打破了 1978 年之前"大一统"的计划金融体系，
逐渐建立起包括银行、证券、保险等机构在内的规模庞大、功能多元的金融体
系。参考陈俭（2020）、王爱俭等（2019）的研究，按照中国金融发展进度和
特点，可将 40 年金融发展历程划分为 4 个阶段。

第一阶段是 1978—1992 年，主要任务是引进市场经济金融体系的基本机构。
1978 年我国原有"大一统"的中国人民银行逐渐被拆分，中、农、工、建四大专
业银行相继成立，全国性股份制银行、地方性银行、非银行金融机构等也逐步登
台。此外，金融市场开始发育，20 世纪 90 年代初分别成立了上海证券交易所和深
圳证券交易所，为企业融资提供了重要平台。这一时期，金融的基本功能初步得以
恢复，但因国民经济发展仍处于"双轨制"时期，金融市场发展仍旧很不规范。

第二阶段是 1993—2001 年，主要任务是建立适应社会主义市场经济要求
的金融体系框架。1993 年，中共中央出台《关于建立社会主义市场经济体制
若干问题的决定》，国务院颁布《关于金融体制改革的决定》，对金融体制改革
进行全面部署。银行业方面，理顺了中央银行与商业银行、政策性银行之间的
关系；资本市场方面，颁布了一系列政策法规来规范证券市场，积极稳妥发展
债券、股票融资，规范股票发行和上市。但是，由于原有制度惯性和金融体制
不完善等原因，国有银行不良资产问题一直未得到解决。

第三阶段是 2002—2008 年，主要任务是进行金融体系的治理与规范化改革。
党的十六大之后，国家采取了一系列措施整顿和改革国有金融机构，2003 年后，
四大国有商业银行陆续完成了财务重组和股份制改造，成功上市；农村信用社

改革取得重要进展；中国人寿、中国人保等国有保险公司完成重组改制成功上市；部分证券公司也实现了财务重组。国有金融机构的资产质量和实力大幅提升。

第四阶段是 2009 年至今，主要目标是推动金融体系市场化、国际化、多元化发展。2008 年世界金融危机之后，中国加快了利率市场化、汇率市场化、人民币国际化、资本市场国际化改革，各种金融创新不断涌现，金融体系呈现出多元化的发展趋势。

3.1.1.1　信贷市场

从 1978 年中国银行业实行大规模改革开始，逐渐建立起了包括中国人民银行、政策性银行、商业银行、村镇银行、农村信用合作社、城市信用合作社等在内的庞大银行体系。长期以来，各类银行通过提供信贷资金支持，大力推动了我国国民经济发展和经济社会建设。从 1978 年至 2020 年，中国金融机构的存款、贷款余额均呈现逐年上升的趋势，1978 年存款和贷款余额仅有 1 154.98 亿元和 1 890.38 亿元，到 2020 年增至 218.37 万亿元和 178.40 万亿元，分别增长了约 1 890 倍和 943 倍。从图 3 - 1 可以看出，1994 年之前中国的贷款余额高于存款余额，但受居民收入增长、投资渠道不畅、社会观念习俗等因素影响，储蓄规模一直保持着快速增长，并于 1994 年超过贷款规模，两者差距最大时，贷款余额仅有存款余额的 2/3。对比图 3 - 2 可知，2005 年之后，中国贷款融资增速相对下降与股票市场的发展繁荣也存在一定关系。

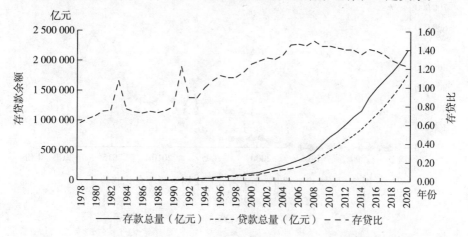

图 3 - 1　1978—2020 年中国金融机构存贷款存贷比

数据来源：《中国金融统计年鉴》。

注：图中的金融机构包括中国人民银行、银行业存款类金融机构、银行业非存款类金融机构。

3.1.1.2 股票市场

中国的股票市场起步于改革开放之后，1986 年 9 月第一支股票诞生，1990 年上海证券交易所成立，1991 年深圳证券交易所成立，后来又陆续推出了主板、创业板等多方市场以及场外交易市场等，经过 30 余年的发展，经历了从初具规模到发展壮大的过程。股票市场作为资本市场的重要组成部分，为我国大、中、小型企业提供了重要的融资平台，在满足企业和投资者投融资需求、优化资源配置、推动金融创新等方面发挥了重要重用。

1995 年之前中国股票市场尚处于试点运营阶段，企业上市规模非常小，1994 年股票市场融资额仅有 271.28 亿元。1999—2004 年，股票市场开始规范化发展，但因股权分置原因，融资规模仍旧在低位徘徊。2005 年中国拉开股权分置改革的帷幕之后，成功上市的企业数量开始增加，沪深股市融资额急速上升，2007 年达到历史高位 32.73 万亿元。2008 年受金融危机影响，股票市场又经历了一个萎靡震荡期，后在经济刺激计划的影响下重新波折上升，2014 年融资规模重回 37.25 万亿元，2015 年升至 56.71 万亿元，2020 年达到 79.72 万亿元（图 3-2）。

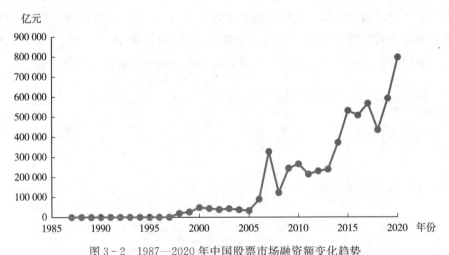

图 3-2　1987—2020 年中国股票市场融资额变化趋势

数据来源：《中国金融统计年鉴》。

注：该图只统计了沪深两市股票融资金额。

3.1.1.3 保险市场

1979 年国务院作出"逐步恢复国内保险业务"重大决策后，中国保险业开始恢复，在国民经济中的地位也得到日趋体现。1980 年原保险保费收入仅有 4.6

亿元，1988 年突破 100 亿元，2016 年超过日本，成为仅次于美国的世界第二大保险大国，2020 年进一步增至 4.53 万亿元（图 3-3）。从 1980—2020 年，中国原保险保费收入以年均 27% 的速度不断增长，与此同时，保险市场主体也不断丰富，2018 年共有人身险公司 96 家，财产险公司 88 家，再保险公司 12 家，集团和控股公司 12 家，资产管理公司 24 家，互助保险机构 5 家。目前，保险市场已经形成了以股份制保险公司为主体，政策性保险公司为补充，综合性公司和专业性公司并存，中外保险公司协同发展，市场竞争较为合理的良好局面（聂颖，2018），对我国社会稳定和人民生活安定起到了重要的保障作用。

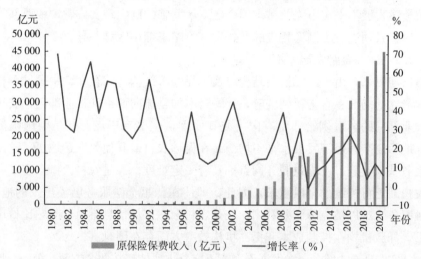

图 3-3　1980—2020 年中国原保险保费收入及保费增长率

数据来源：《中国保险年鉴》。

3.1.2　中国金融发展的不平衡不充分

3.1.2.1　区域金融发展差距

金融发展与经济发展息息相关（Greenwood 和 Smith，1997；Levine，2005）。大量经济学研究表明，经济发展是影响金融发展的主要因素，而金融发展又可以通过资本积累、技术进步、人力资本积累等渠道促进经济增长。此外，国家宏观调控政策对区域金融发展的影响也非常大。中国自 20 世纪末开始金融业市场化改革之后，在金融资源总量增加的同时，区域金融也开始显著分化（陈明华等，2016）。近年来，很多学者采用省级面板数据对中国区域金融发展差异问题进行研究，基本都证实了金融发展水平存在明显的区域差异，东部地区整体上优于中西部地区。其中，北京和上海拥有全国性的金融市场和金融制度创新优势，处于金融发展超前区域；天津、重庆、江苏、广东等经济金融较发达地区处于金融发展协调区域；东北、西北、西南以及中部省区则处于金融发展水平滞后区域（程翔等，2018）。但是，对于区域间金融发展水平是否出现收敛现象，现有研究并未得出一致性结论。彭宝玉等（2016）认为省际金融发展差异在 2001—2014 年间呈现出扩大趋势，而林春等（2019）对2005—2016 年各省普惠金融数据进行测算后发现，中西部地区普惠金融发展增速明显优于东部，中国普惠金融发展有望在未来实现整体趋同。无论如何，区域金融发展不平衡不充分是中国金融发展面临的巨大现实难题，中西部等欠发达地区必须进一步制定相应的金融发展策略来缩小区域差异。

3.1.2.2　城乡金融发展差距

长期以来，由于二元社会结构以及二元经济结构持续存在，中国城乡金融结构对立的局面一直未得到缓解，金融资本加剧流向城市和工业部门，农村以及农业部门的金融供给非常有限。究其原因，主要有三点：一是中国幅员辽阔，地形复杂，经济发展水平不均衡。在偏远农村或其他欠发达地区，建设金融服务基础设施以及提供服务网点都具有一定难度；二是农村人口众多，有大量农户缺乏可持续的金融需求，因此，即使在普惠金融服务已经惠及的地区，金融服务也难以被充分有效利用；三是农村金融市场信息不对称问题比城市更严重，导致机构在控制成本和提高机构效率方面存在困难。

从实践来看，城乡金融发展不平衡不充分主要体现在两个方面：第一，城乡金融网点呈现非均衡分布，大多数城市已经实现了银行、证券、保险等金融机构全覆盖，而农村地区只有信用社、村镇银行，严重影响了农村居民获取金融服务的便捷性；第二，在城乡二元结构背景下，金融政策在城市和农村的落实效果存在明显差异。以信贷服务为例，金融机构更倾向于增加对城市地区的信贷投放，农民及农村企业面临着严重信贷约束，难以扩大生产，而这种金融资源配置失衡反过来又导致了城乡差距进一步扩大和经济非协调发展（景普秋等，2018）。李树和鲁钊阳（2014）运用 1978—2010 年中国 28 个省份的面板数据，分别从城乡金融结构、城乡金融规模和城乡金融效率三个维度综合测度了中国城乡金融非均衡发展水平，发现城乡金融发展存在非常大的差距。但是，随着国家有意识地向"三农"领域倾斜金融服务供给，并通过农村精准扶贫等政策对农村人口输送大量的金融支持，中国城乡金融非均衡发展差距正呈现出持续下降的态势。根据《2019年中国普惠金融发展情况报告》，截至 2019 年 6 月末，全国乡镇银行业金融机构覆盖率为 95.65%，行政村基础金融服务覆盖率 99.20%；95.47%的乡镇设立了农业保险服务点；涉农贷款余额也不断攀升，达到 34.24 万亿元。

3.1.3 中国金融发展的难点

3.1.3.1 农村金融服务供给严重不足

农户贷款难一直是中国金融发展过程中的难题，也是当前乡村振兴的最大短板。由于农村市场存在严重的信息不对称问题，加之农户和各类农业经营主体普遍缺乏正规抵押品，信贷约束问题非常明显（Banerjee et al.，1993）。2005 年国务院发展研究中心农村经济研究部对全国 29 个省份的农户调研表明，中国有贷款需求的农户占比为 60.6%，但仅有 52.6%有借款需求的农户能从正规金融机构获得资金（韩俊等，2007）。2007 年中国人民银行联合国家统计局对 10 省 20 040 户的农户调查也显示，46.1%的农户需要借款，但正规金融覆盖率仅为 31.67%（中国人民银行农户信贷情况问卷调查分析小组，2010）。2017 年，何广文等（2018）利用中国农业大学经济管理学院"中国农村普惠金融调查"数据库计算后发现，尽管近年来中国推进普惠金融的力度不断强化，但非正规信贷仍然是农户满足信贷需求的主要渠道，农户信贷配给问题仍然比较严重。从图 3-4 可以看出，1978—2018 年期间，中国的农业贷款规模一直保持稳步上升，但是按乡村人口计算的人均贷款规模仅仅实现了同步增长，中国政府和金融部门推进普惠金融发展的道路依旧任重道远。

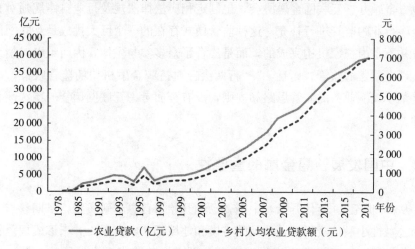

图 3-4 1978—2018 年农业贷款及人均农业贷款额变化趋势

数据来源：乡村人口数据来自《中国农村统计年鉴》，农业贷款数据来自《中国金融统计年鉴》。

3.1.3.2 金融基础设施建设滞后

金融基础设施的铺设是普惠金融发展的重要一环，其包含的内容也非常广泛，涉及支付体系、信用环境、公司治理、会计准则、金融监管等。近年来中国不断加强在农村地区和偏远地区的金融基础设施建设，但依旧存在短板，比如农村信用体系建设滞后、金融监管部门的协调配合度有待提高、缺乏具有统领性和基础性作用的金融法律等。以农村信用体系建设为例，当前中国农村征信业务主要分为两类，一是人民银行建立的个人征信系统，二是农村信用社建立的信用农户评审机制。2019 年央行发布的《中国农村金融服务报告 (2018)》显示，截至 2018 年末，全国共为 1.84 亿农户建立了信用档案，已经建立的农户信用档案尚存在不同程度的内容不全、质量不高、信息更新不及时等问题。信用体系建设的滞后，使农村金融机构往往需要花费很高的成本对客户进行独立信用评估，而且越是贫困的群体，信用记录越是缺乏，由此导致整个行业的信用评估成本居高不下。

3.1.3.3 互联网金融监管不足

互联网信贷是普惠金融不可逆转的一个创新方向，过去几年在中国扩张的速度非常快，将其纳入监管也成为一个相当紧迫的任务。目前中国对互联网金融的监管属于"多头分业"的机构监管模式与行业自律相结合的混合监管模式（曾刚等，2019）。一方面，作为监管主体的"一行两会"负责对不同领域内的互联网金融企业和业务进行分业监管；另一方面，地方政府及行业自律组织，如地方金融办、互联网金融协会，也制定相应法律法规及行业自律规则对互联网金融行业的监管进行补充。这种监管模式存在的一个巨大挑战是互联网信贷业务并不是由一家机构完成的，而是集合了众多参与主体，因而难以对整个流程实现全覆盖的监管。而且，"一行两会"对持牌金融机构的监管政策，也主要是基于线下业务的监管思路和规则，没有全面考虑互联网信贷的特殊性和复杂性。

3.2 中国发展普惠金融的重要性

从 20 世纪 90 年代开始，中国就已经开始了普惠金融实践，早期参与主体多为公益性小额信贷机构，涉及的规模和地域都非常有限，并未形成规范化和制度化发展。2005 年可以视为政府自上而下推动普惠金融发展的开端，在联合国提出发展普惠金融之后，这一概念被引入中国，并受到党中央和国务院高度重视。2013 年，中共十八届三中全会通过的《中共中央关于全面深化改革若干重大问题的决定》中正式提出"发展普惠金融，鼓励金融创新，丰富金融市场层次和产品"。2015 年李克强总理在《政府工作报告》中提出要大力发展普惠金融，让所有市场主体都能分享金融服务的雨露甘霖。2016 年国务院发布《推进普惠金融发展规划（2016—2020 年）》，强调发展普惠金融的目的是要提升金融服务的覆盖率、可得性、满意度，满足人民群众日益增长的金融需求，特别是要让农民、小微企业、城镇低收入人群、贫困人群和残疾人、老年人等及时获取价格合理、便捷安全的金融服务。2017 年 7 月，习近平总书记参加第五次全国金融工作会议，重点强调"要建设普惠金融体系，加强对小微企业、'三农'和偏远地区的金融服务"。2018 年 1 月 25 日，央行全面实施普惠金融定向降准政策，着力解决小微企业融资难、融资贵问题。此后，"普惠金融"一词连续多次出现在政府工作报告之中，同时被写入"十三五"规划，成为政府工作的重中之重。

《推进普惠金融发展规划（2016—2020 年）》对我国普惠金融的概念做出了一般性界定："立足于机会平等和商业可持续原则，以可负担的成本为有金融服务需求的社会各阶层提供适当、有效的金融服务"（星焱，2016）。基于上述概念范畴，周小川（2013）为中国发展普惠金融提出了四个目标：第一，家庭、企业以合理的成本获得广泛的金融服务，包括但不限于储蓄、贷款、融资、保险以及汇兑等业务，并延伸向融资、理财、权益保护、征信等多个方面；第二，金融机构稳健经营，健全包括市场监督以及内部管理在内的审慎监管制度；第三，金融业可持续发展，确保可提供长期性金融服务；第四，增强金融服务竞争性，为消费者提供更高效、更具多样化的金融服务选择。

发展普惠金融的核心以及重要任务在于"实现金融公平"。就本质而言，普惠金融是对金融排斥的弱化，即把以往被正规金融体系排斥在外的广大贫困人群与弱势群体重新纳入进来，最终使金融体系服务于社会中的绝大多数人（陈宗义，2017）。这些贫困人群与弱势群体由于缺乏必要信用凭证，地处偏远地区等原因，往往被排除在正规金融体系之外，只能通过非正规途径获得金融服务。非正规金融途径通常不可持续且成本高昂，而且缺乏风险管控机制，容易造成严重的社会风险问题，不利于社会经济稳定发展（焦瑾璞，2010）。普惠金融体系的建立与完善，能有效降低供需双方信息不对称程度，促进更多低收入人群以及小微企业获得更多金融资源支持，提高金融公平程度。因此，普惠金融是为人们提供公平的信贷服务机会与金融渠道享用权，消除金融服务歧视与不公的核心体现（焦瑾璞，2010）。

发展普惠金融从微观、中观、宏观三个角度对社会经济产生了深刻积极影响。

3.2.1 微观

（1）提高妇女社会地位

在普惠金融发展过程中，国际上很多知名的普惠金融机构，如孟加拉国格莱珉银行、印度自我就业妇女协会等，均以妇女为主要目标客户开展小额信贷项目。通常来说，妇女表现出比男性更高的金融责任感，并愿意将更多的资金用于改善家庭福利，但许多妇女尤其是农村妇女缺乏稳定的工作及收入来源，也缺乏充足的金融机会，往往无法利用金融服务进行生活及家庭经营的改善。因此，为妇女提供普惠金融服务不仅能有效增加其金融可得性，也能帮助妇女提高自身决断能力，增强自信，缓解社会上的性别不平等问题。

（2）改善贫困人群与低收入人群的教育条件

教育是提高人口素质，扩大人口红利的根本保证，对社会经济发展具有重要的影响。在发展中国家，尤其是偏远农村和贫困地区，有很多学龄儿童因缺乏必要的教育资金而辍学，或者无法进一步深造。普惠金融将贫困人群以及低收入人群重新纳入金融体系之中，为其提供必要的信贷资金，有利于在短期内解决教育资金不足问题，甚至在长期内实现家庭的跨阶层流动。

（3）促进家庭创业活动

创业是促进经济发展的原动力，也是微观家庭积累资产、增加收入、对抗风险的重要途径之一。在融资约束严重的情况下，家庭创业资本通常来自亲属借贷，创业活动会受到很大抑制。普惠金融旨在帮助被正规金融体系排斥的弱势群体以合理的价格获得金融服务，不仅能够帮助他们更顺利地启动创业，还能提高家庭经营活动的可持续性及稳健性，从而使家庭成员在生活水平、教育、健康、风险对抗等方面实现全面改善。

3.2.2 中观

中观影响主要表现在改善公共基础设施建设，促进公共事业发展等方面。普惠金融体系与各项社会事业相联结，如印度自我就业妇女协会通过开展设施改造普惠金融项目，以普惠金融资金推动社区基础设施建设，在有效提高金融机构资源配置效率的基础上，实现了一定的社会效益。实际上，改善住房、饮水以及卫生条件等公共事业建设已经成为当今普惠金融体系建设的重要举措之一，2018年CGAP颁布的第六阶段战略计划提出创新商业模式，实现对金融服务和卫生、教育、能源等公共领域的整合，保证金融配套供需结合，并改善弱势群体的金融可修复性。可以说，部分普惠金融机构为贫困家庭提供针对免疫、安全饮水、健康保险的金融配套服务，极大地降低了贫困家庭面对疾病所需要承担的压力。

3.2.3 宏观

宏观影响主要表现在促进贫困人群以及低收入人群金融素养提升、收入增长以及消除贫困和促进社会稳定等方面。首先，普惠金融能够通过提供成本合理，全面、安全、便利、有效的金融服务，帮助客户养成储蓄习惯，利用积蓄支付家庭经营、生活消费、教育、医疗、住房等开支，并采用贷款、保险功能平滑消费，降低失业、疾病等危机带来的贫困脆弱性，从而促进社会的和谐稳定；其次，普惠金融发展的任务之一是推动绿色金融发展，为实现可持续发展，实现零净碳排放提供了新的思路，如鼓励绿色创业、鼓励保护性商业项目建设，为人们提供具有社会效益的工作机会，并让他们获得足够的经济效益，实现人与社会、生态的和谐发展。

总体而言，中国发展普惠金融并非完全基于利润追求，而是在商业可持续性原则上，以社会价值为导向，在追求金融公平基础上实现金融体系的自我完善。这不仅要求普惠金融机构保持持续稳定的盈利收入，更要纠正对弱势群体的传统偏见，正确地认识到以往被排斥于正规金融体系之外的广大人群依然具有强大的自我实现潜力。只有实现真正意义上的"金融公平"，才是解决弱势群体贫困问题的重要良方。

3.3 中国发展普惠金融事业的特殊优势

3.3.1 制度优势和体制优势

普惠金融内核里推崇金融公平，强调全民平等享受现代金融服务的理念，与中国社会提倡的"和谐、包容性发展"等主流思想相一致。对于普惠金融重点服务对象之"农户"，一直是中国共产党关注的重中之重，无论是以往"城乡统筹协调发展"政策指导、还是近年来"乡村振兴""脱贫攻坚""精准扶贫""美丽乡村建设""全面小康建设"等战略目标的提出，均以推动农村改革与发展，实现全面小康与和谐社会为己任，通过为贫困、偏远地区农户提供低成本高质量金融服务，实现人民增收、减贫脱贫等系列目标（杜晓山，2006；王曙光和王东宾，2011；何德旭和苗文龙，2015）。可以说，发展普惠金融是社会主义制度优越性在金融领域的具体体现。此外，中国特色社会主义制度具有非凡的组织动员能力，从 2015 年政府发布普惠金融规划开始，政府出台了一系列政策和法规，从顶层设计到制度保证均为普惠金融的发展提供了充分保障，确保普惠金融能够真正落到实处。

3.3.2　良好的普惠金融发展基础

从 20 世纪 90 年代初期引入格莱珉银行小额信贷模式以来，中国普惠金融的发展取得了很大进展，经过多年发展，基本建立起了多层次和多样化的普惠金融体系。根据《中国普惠金融发展报告（2019 年）》，截至 2019 年 6 月，中国人均拥有 7.6 个银行账户，持有 5.7 张银行卡，每 10 万人拥有 ATM 机 79台，POS 机 2 356 台；全国乡镇银行业金融机构覆盖率达到 95.65%，行政村基础金融服务覆盖率达到 99.20%，良好的金融服务基础为普惠金融发展奠定了坚实基础和较高起点。此外，近年来中国互联网金融异军突起，也为改善普惠金融服务开辟了新的渠道，不仅有效解决了农村地区设置物理网点成本高和地域限制的问题，降低了交易成本，而且帮助受正规金融排斥的群体通过参与网络借贷或投资等获得更多金融服务，从而有效提升了普惠金融服务的可得性与覆盖面。

3.4　中国普惠金融发展的理念与思路

3.4.1　中国普惠金融发展的基本理念

中国普惠金融针对弱势群体、弱势地区、弱势产业提供成本合理、方便高效的多元化金融服务。与国际普惠金融主要由 NGOs 推动不同，中国普惠金融发展统一于整个国家的发展战略之中，自《推进普惠金融发展规划（2016—2020 年）》将发展普惠金融上升到国家战略层面之后，新时代中国普惠金融更多是由政府推动与市场化结合发展的。中国普惠金融发展镶嵌于实现"中国梦"以及"两个一百年"奋斗目标的总体框架中，服务于"乡村振兴""全面脱贫""美丽乡村"等战略目标建设，并统合于实现零贫困、零失业、零净碳排放的"三零世界"之中。

在国家发展战略的总框架下，中国普惠金融发展坚持以下三个理念原则（周孟亮和李明贤，2015）：①创新性原则。党的十八届三中全会明确提出"发展普惠金融，鼓励金融创新，丰富金融市场层次和产品"，要求坚持以创新降低普惠金融服务成本，提高营利性，为客户提供多元化金融服务。②公平性原则。金融公平是普惠金融最核心的内容，中国普惠金融为弱势群体提供与一般群体平等的金融服务机会，坚持金融服务支农支小的政策倾斜，坚持金融服务向"三农"下沉，实现金融资源在全社会各阶层的有效合理配置，打破金融市场二元分化的局面，进而实现社会和谐发展。③可持续性原则。中国普惠金融发展充分吸取公益性普惠金融与制度性普惠金融发展的经验教训，坚持科学发展观，注重普惠金融服务主体与服务对象的"自我造血"功能，坚持内部风险防控与外部环境建设相结合，兼顾社会效益与经济效益，降低普惠金融服务成本，提高普惠金融服务精准度，确保实现普惠金融机构商业可持续性以及安全稳定发展。

3.4.2　中国普惠金融发展的主要思路与重点

总体上，中国普惠金融发展遵循以下发展思路（周孟亮和李明贤，2015）：首先，出台相关政策及规划，将普惠金融提升到国家战略高度。2004 年开始，中央 1 号文件多次提及要加快农村普惠金融发展；2013 年党的十八届三中全会将"发展普惠金融"确立为国家战略；2015 年末国务院印发《推进普惠金融发展规划（2016—2020 年）》。上述政策指引逐步将普惠金融以及农村金融改革工作统一到同一框架下进行，并服务于国家各项战略建设；其次，立足战略部署，优化普惠金融供给机构、基础设施、政策环境建设，降低金融服务机构的交易成本，形成高效良好安全的信用评价体系，并构建完善有效的风险防控机制以及社会责任机制。以优化普惠金融供给机构为例，中国于 2005 年开始试点民营小额贷款公司，2007 年开始推动村镇银行设立，以增加普惠金融供给；2015 年，中国银监会设立普惠金融部，2017 年中国银监会等 11 部委联合印发《大中型商业银行设立普惠金融事业部实施方案》，目前，中、农、工、建、交五家大型商业银行均已设立普惠金融事业部，农业银行和邮政储蓄银行还设立了"三农"金融事业部，以便更好地服务于普惠金融事业；最后，实现金融服务机构社会效益与经济效益兼顾协调发展，消除金融排斥，达成共同富裕，以普惠金融推动"两个一百年"目标实现以及中华民族伟大复兴的中国梦的长远目标。

为了构建完整的普惠金融体系，根据 CGAP 的理论框架，中国普惠金融体系针对客户、微观、中观、宏观四个层面进行建设。其中，客户层面为金融服务需求者，微观层面为金融服务供应者，中观层面为金融服务基础设施，宏观层面为政策环境。

（1）客户层面：金融服务需求者

中国普惠金融服务需求者主要包括小微企业、农民、城镇低收入人群、贫困人群和残疾人、老年人等特殊群体。这些弱势人群由于缺乏抵押品、信息不对称等原因被排斥于传统金融体系之外（陈忠义，2017），无法在正规金融机构中以其能够承担的成本获得足够的金融服务，甚至不能得到金融服务。

（2）微观层面：金融服务供应者

中国普惠金融供给者以正规金融机构为主，兼之以非正规金融机构，共同提供多样化金融服务，以满足不同客户群体的不同金融需求。主要可划分为银行类金融机构、非银行类金融机构以及公益性机构。

其中，银行类金融机构是当前普惠金融的主力军，主要包含两类：第一类是传统的银行类金融机构，包括工、农、中、建四大国有银行，全国性股份制银行、地方性商业银行以及村镇银行等；第二类是互联网银行机构，主要参与者包括阿里系的网商银行、腾讯系的微众银行、小米的新网银行等。

非银行类金融机构主要包括小额贷款公司、消费金融有限公司等，这类机构经银保监会批准设立，可在经营范围内开展各项贷款业务。其中，小额贷款公司的数量较多，在扶持小微企业方面做出了一定贡献。2009 年小额贷款公司迎来高速增长，但是 2015 年后随着宏观经济增速的滑落，开始步入了低增长，目前经营状况良好的机构并不多。

公益性机构根据出资主体大体可分为三类：第一类是官办机构，包括政府机构、残疾人联合会、妇联、扶贫基金会、妇女发展基金会、人口福利基金会等；第二类是民间组织，包括国内民间组织和国际民间组织；第三类是政府间国际组织，包括联合国各机构，如世界银行、联合国人口基金、联合国开发计划署等。公益性小额信贷机构具有公益性、非营利性的本质，往往与政府保持密切联系，不吸储，只放贷，资金规模比较小，对外部资金高度依赖。

（3）中观层面：金融基础设施

金融基础设施主要包括硬件配套设施、信息技术支付系统、征信系统担保体系等，对普惠金融发挥支持作用（纵玉英和刘艳华，2017）。除此之外，也包括金融中介组织机构，这些组织机构与其他金融基础设施相辅相成，具有互补性。

当前，中国的金融基础设施正日趋完善，但偏远贫困地区的建设仍然不充分，对普惠金融发展的支撑作用十分有限。不过，值得重视的是，中国数字技术的快速发展正成为普惠金融非常重要的促进手段。近年来，互联网相关设备在我国已经具有较高的普及率，根据中国互联网络信息中心第 43 次中国互联网络发展状况统计报告，截至 2020 年 12 月，我国农村网民规模达到 9.8 亿，农村地区互联网普及率达到 55.9%。农村网民数量的增加和互联网低成本、低门槛、方便、快捷等特点，为农村数字金融的发展提供了良好的平台。很多学者认为，数字技术可能成为解决我国传统金融成本高、效率低和"最后一公里"问题的关键。

（4）宏观层面：政策环境

中国普惠金融宏观层面建设主要通过以下三个方式来实现：①政府部门提供金融服务，对市场进行间接的干预；②制定相关支持性的优惠政策和监督制度，提高金融机构的金融服务能力，降低金融机构风险；③制定金融服务激励或者强制机制，促使正规金融向贫困以及低收入人口提供金融服务（陈宗义，2017）。

3.4.3　中国普惠金融发展的路径

中国普惠金融以政府及中国人民银行为主导，采用"区域改革试点"政策工具，按照"成熟一家，推进一家"的原则有序推进，充分发挥地方积极性，在条件具备的地区开展普惠金融改革试验，并服务于乡村振兴以及中小微企业发展等国家发展战略大局。自《推进普惠金融发展规划（2016—2020 年）》印发以来，随着区域金融改革持续深化，《河南省兰考县普惠金融改革试验区总体方案》《浙江省宁波市普惠金融改革试验区总体方案》《福建省宁德市、龙岩市普惠金融改革试验区总体方案》《江西省赣州市、吉安市普惠金融改革试验区总体方案》《山东省临沂市普惠金融服务乡村振兴改革试验区总体方案》相继颁发，普惠金融改革试验区已扩展到五省七地，形成错位发展、各具特色的普惠金融改革格局。普惠金融区域改革试验根据不同区域特点，探索差异化的改革发展模式，能有效应对中国地域幅员辽阔、差异巨大的问题，并通过小范围试点验证改革创新举措的可行性、有效性、可复制性以及可推广性，实现普惠金融的区域金融改革"以点带面"。

3.5　中国普惠金融的模式演变

从 20 世纪中叶开始中国就零星开展过类似于小额信贷的早期实践，但并不具备广泛代表性，也未出现体系化的发展趋势，因而学术界并未将普惠金融的起源追溯至这个时期。一般认为 20 世纪 90 年代后，中国引入"小额信贷"和"普惠金融"概念并不断开展本土化实践，普惠金融才真正进入其发展进程。中国普惠金融的发展更多是与国际经验相结合，与国家政策相匹配并自成体系的，主要经历了公益性小额信贷模式（1993—2000 年）、微型金融阶段（2000—2005 年）、综合性普惠金融阶段（2005—2011 年）以及创新性互联网金融阶段（2011 年至今）四个阶段（吴晓灵，2018）。

3.5.1 公益性小额信贷模式

中国小额信贷始于扶贫目的，具有公益性和试验性的特征。以 1993 年首次引入格莱珉银行模式创立河北易县扶贫经济合作社为开端，各类 NGOs 开始利用国际捐助以及软贷款在中国展开小范围试验，以探索公益性小额信贷的可行性。随着小额信贷项目的扩展和推进，国家对小额信贷作为有效扶贫手段的重视度不断提高。20 世纪 90 年代中期开始，《国家八七扶贫攻坚计划(1994—2000 年)》《中共中央　国务院关于尽快解决农村人口温饱问题的决定(1996 年)》《中共中央关于农业和农村工作若干重大问题的决定（1998 年）》等重大决定陆续出台，信贷扶贫走进人们视野，小额信贷从"扶贫资金到户"发展为"扶贫到户""缓贫脱贫"等重要扶贫手段，并被允以积极推广。在这个阶段，NGOs 项目实验与政府推广扶贫相并而行，并逐渐与国际规范接轨（许英杰和石颖，2014；吴晓灵，2018；杜晓山，2009）。

3.5.2 微型金融阶段

随着千禧年的到来，以扶贫为主要目的的公益性小额信贷逐渐无法满足人们的金融服务需求，主要原因有二：其一，国企改革深化，城市再就业与创业过程中产生大量的资金需求；其二，由于贫困问题的缓解以及经济生活水平的提高，人们对金融服务的需求日益多元化。因此，拥有大量金融资源的正规金融机构全面介入，以小额信贷为代表的试验性金融项目开始向制度化方向发展（许英杰和石颖，2014；焦瑾璞等，2015）。

在此期间，中国人民银行出台《农村信用社小额信用贷款管理暂行办法》，提出"一次核定、随用随贷、余额控制、周转使用"，全面展开推广制度化的农户小额信贷活动，为农户提供基于信誉的无抵押、无担保贷款（吴晓灵，2018）。在其推动下，农村信用社展开农户联保贷款试点以及针对城市低收入群体的小额信贷试点，城乡正规金融机构小额信贷项目的规范化也进一步提上议程（杜晓山，2009）。

3.5.3 综合性普惠金融阶段

随着普惠金融项目的制度化与规范化，中央加快出台小额信贷政策法规，商业性小额信贷活动开始试行，小额信贷组织与村镇银行相继而起，为城乡提供综合性的金融服务（杜晓山，2009）。在此期间，以中央1号文件为代表的决定与法规标志着综合性普惠金融阶段的到来，并为综合性普惠金融的发展提供指导性作用（表3-1）。

表 3-1 历年中央1号文件（2004—2021年）对普惠金融的指导内容

年份	指导内容	发展阶段
2004	通过小额贷款、贴息补助、提供保险服务等形式，支持农民和企业购买优良畜禽、繁育良种	微型金融阶段
2005	有条件的地方，可以探索建立更加贴近农民和农村需要、由自然人或企业发起的小额信贷组织	
2006	大力培育由自然人、企业法人或社团法人发起的小额贷款组织	
2007	努力形成商业金融、合作金融、政策性金融和小额贷款组织互为补充、功能齐备的农村金融体系	综合性普惠金融阶段
2008	积极培育小额信贷组织，鼓励发展信用贷款和联保贷款	
2009	大力发展小额信贷和微型金融服务，农村微小型金融组织可通过多种方式从金融机构融入资金	
2010	加快培育村镇银行、贷款公司、农村资金互助社，有序发展小额贷款组织	
2016	引导互联网金融、移动金融在农村规范发展	
2017	鼓励金融机构积极利用互联网技术，为农业经营主体提供小额存贷款、支付结算和保险等金融服务	
2019	引导互联网金融、移动金融在农村规范发展	创新性互联网金融阶段
2020	稳妥扩大农村普惠金融改革试点，鼓励地方政府开展县域农户、中小企业信用等级评价，加快构建线上线下相结合、"银保担"风险共担的普惠金融服务体系	
2021	发展农村数字普惠金融	

资料来源：整理自历年中央1号文件。

在此阶段，民间资本依靠小额信贷组织迅速、大量地进入中国金融市场，正规金融体系也将小额信贷、微型金融纳入服务范围，其主要客户群体不断下移，为贫困人口和小微企业提供包括支付、贷款、汇款等综合性金融服务。普惠金融的继续发展在解决新型金融机构资金来源不足问题的同时，进一步缓解了农村人口以及城市低收入人口、小微企业的资金需求，并着力开展农村金融改革，创新金融产品以及金融服务（焦瑾璞等，2015）。

3.5.4 创新性互联网金融阶段

随着互联网信息技术的迅速发展，普惠金融服务数字化、网络化、移动化趋势不断增强。创新性互联网普惠金融具有"成本低、覆盖广、速度快"的特征，一方面是因为移动支付等数字技术的创新有效突破了地理限制，扩大了服务范围，可有效增加流量，降低交易成本；另一方面是因为大数据、云计算等信息技术发展为大规模金融数据分析创造了有利条件，完成风险定价的同时也能针对不同类型的人群提供个性化金融配套服务（北京大学数字金融研究中心课题组，2017）。

在此阶段，以支付宝、余额宝、零钱通等为代表的互联网金融产品为人们提供第三方移动支付、互联网信贷、金融理财、互联网保险等多种金融产品服务（焦瑾璞等，2015），更有利于满足人们日益多元化的金融需求。但不可忽略的是，互联网金融的快速发展也伴随着一定的安全隐患与数据风险，尚缺有效的管理规划。2015 年国务院颁布的《推进普惠金融发展规划（2016—2020年）》为普惠金融的进一步深化发展提供了全面指导，在推动普惠金融发展的同时，也推动监察与管理机制的建立，配套出台相关行业与服务的管理办法，以推动普惠金融的规范化与体系化。2019 年出台的《金融科技发展规划（2019—2021 年）》为鼓励开展数字普惠金融创新，进一步提出启动金融科技创新监管试点，为普惠金融数字化、规范化发展做出了重要部署。

4 国家普惠金融改革试验区的由来 //////////

4.1 国家普惠金融改革试验区设立的背景

4.1.1 乡村振兴战略的全面实施

改革开放以来,我国的经济建设取得重大成就。经济保持中高速增长,GDP 总量稳居世界第二。党的十九大报告提出,中国特色社会主义的总任务是实现社会主义现代化和中华民族伟大复兴;明确新时代我国社会主要矛盾是人民日益增长的美好生活需要和不平衡不充分的发展之间的矛盾,必须坚持以人民为中心的发展思想,不断促进人的全面发展、全体人民共同富裕。在进入工业化中后期阶段和城镇化水平突破 60% 的背景下,党的十九大正式提出了乡村振兴战略。这标志着,中国现代化建设进入了一个新的历史发展阶段即城乡融合发展的新阶段。显然,"十四五"时期,是我国全面建成小康社会、实现第一个百年奋斗目标之后,乘势而上开启全面建设社会主义现代化国家新征程、向第二个百年奋斗目标进军的第一个五年(2021 年中央 1 号文件)。由于我国居民内部收入差距较大,城乡差距明显,农村相对贫困的发生率仍比较高,乡村振兴的任务是比较艰巨的。根据《中国住户调查统计年鉴》公布的数据显示,2017 年我国基尼系数是 0.467,2018 年是 0.468,2019 年是 0.465,整体上处于较高的区间。

乡村全面振兴的内容包括了普惠金融,普惠金融也有助于乡村振兴战略的实现。普惠金融立足机会平等要求和商业可持续原则,以可负担的成本为有金融服务需求的社会各阶层和群体提供适当、有效的金融服务。小微企业、农民、城镇低收入人群、贫困人群和残疾人、老年人等特殊群体是中国普惠金融的重点服务对象(国发〔2015〕74 号),因此,普惠金融和全体人民共同富裕的目标是一致的。此外,普惠金融具备减贫效应,能够显著降低贫困发生率,且普惠金融各维度也存在减缓贫困的渠道效应(赵丙奇,2021)。总体来看,普惠金融广度和深度都能够促进乡村振兴的发展,其广度促进了乡村的经济发展，其深度提升了乡村的文化建设（熊正德等，2021）。特别是数字普惠金融，对我国乡村振兴发展有着很大的促进作用（谢地和苏博，2021）。借助普惠金融手段，服务于实现共同富裕和乡村振兴，就成为现实的选择。

4.1.2 借力普惠金融助推乡村振兴

为全面推进乡村振兴战略，普惠金融可以而且也必须发挥重要作用。是故，国家也高度重视普惠金融的发展。2019 年中央政府工作报告明确指出，要完善普惠金融体系建设，加强普惠金融服务，以实现贫困地区经济、社会、民生等多方面的高质量发展。2020 年中央 1 号文件中关于普惠金融支持乡村振兴的政策进一步细化，要求扩大农村普惠金融试点，加快构建线上线下相结合、"银保担"合作的普惠金融服务体系。2021 年中央 1 号文件以更大篇幅提出了普惠金融发展的方向与重点：发展农村数字普惠金融；大力开展农户小额信用贷款、保单质押贷款、农机具和大棚设施抵押贷款业务；鼓励开发专属金融产品支持新型农业经营主体和农村新产业新业态，增加首贷、信用贷；加大对农业农村基础设施投融资的中长期信贷支持。

但中国幅员辽阔，各地的经济文化条件差异较大，国家普惠金融体系的改革也必须根据各地的异质性实施差异化发展路径和改革方式。国务院于 2015 年印发《推进普惠金融发展规划（2016—2020 年）》。2016 年开始进行中国普惠金融改革试验区的建设，力争由区域性试点的建设助推整体政策在不同地区更好的落地。2016 年河南省兰考县成为中国首个普惠金融改革试验区。2019 年 12 月国家普惠金融改革试验区扩容，国务院批复福建省宁德市、龙岩市和浙江省宁波市设立普惠金融改革试验区。2020 年 9 月江西省赣州市、吉安市和山东省临沂市三地入列国家普惠金融改革试验区的队伍。随着区域金融改革的持续深化，全国范围内批准的普惠金融改革试验区已经扩展至五省七地，即河南省兰考县、浙江省宁波市、福建省宁德市、福建省龙岩市、江西省赣州市、江西省吉安市、山东省临沂市，共同致力于推动脱贫攻坚和乡村振兴的发展，形成错位发展、各具特色的区域金融改革格局，为全国普惠金融发展提供可复制可推广的经验。其中，"兰考模式"紧紧围绕"普惠、扶贫、县域"三大主题，创新推出以普惠授信体系、信用信息体系、金融服务体系、风险防控体系为基本内容的一平台四体系；"宁波方案"指出，经过 3 年左右的努力，宁波将实现融资服务、数字支付、风险防控和金融知识教育 4 个全覆盖，建成全国普惠金融改革先行区、服务优质区、运行安全区。"福建方案"将服务延伸向老区苏区、贫困地区,其中宁德市以"普惠金融信用城镇、信用村"为公路桥梁,进行"三级信用"创先活动,龙岩市着力打造信用堡垒、资产低洼、风险控制阵营、普及化菜地等"示范性四地";"江西方案"提出健全多层次多元化普惠金融体系、创新发展数字普惠金融、强化对乡村振兴和小微企业的金融支持、加强风险管理和金融生态环境建设等五个方面21项任务措施;"山东方案"提出推动农村金融服务下沉、完善县域抵押担保体系、拓宽涉农企业直接融资渠道、提升农村保险综合保障水平、加强乡村振兴重点领域金融支持和优化农村金融生态环境等七个方面26项任务措施。

4.2 国家普惠金融改革试验区建设的必要性

4.2.1 落实国家发展战略的重要举措

基于大国小农的国情农情,普惠金融被作为重要发展战略与中国经济发展规划相结合,促进其他经济发展领域的包容性增长(贝多广等,2017)。建立国家普惠金融改革试验区可以全面建成与小康社会和共同富裕相适应的普惠金融组织体系、扶持政策体系、保障体系和长效机制,不断提升国家普惠金融的覆盖面、可得性以及满意程度。落实国家大力发展普惠金融工作,实现金融服务和水平的不断升级,强化支农支小的战略定力,满足中国人民日益增长的金融需求,并助力新动能转换的发展战略。

4.2.2 实现乡村振兴和农业现代化的重要机制

农村金融是农村经济的核心领域,普惠金融的发展有助于更好地服务于乡村振兴战略(陈放,2018)。建立完善金融服务乡村振兴的普惠金融市场体系、组织体系、产品体系,聚焦乡村振兴重点领域,可以更好地满足乡村振兴的多样化、多层次的金融需求。国家普惠金融改革试验区充分发挥普惠金融服务乡村振兴的作用,把更多金融资源配置到农村贫穷、偏远等重点地区和薄弱环节中,为金融支持乡村振兴和农业现代化发展探索积累经验。截至2019年6月末,全国乡镇银行业金融机构覆盖率为95.65%,行政村基础金融服务覆盖率99.2%,比2014年末提高了8.10个百分点;全国乡镇保险服务覆盖率为95.47%;银行助农取款服务点已达82.30万个[①]。但据农业农村部测算:乡

---

① 数据来自中国人民银行网站《中国普惠金融指标分析报告(2019)》。

村振兴战略需要大约 7 亿资金的投入，因此普惠金融改革试验区的建设将会成为乡村振兴战略的重要机制。

4.2.3　国家金融体系改革完善的必经之路

中国金融领域发展不充分和发展不平衡，主要表现为农村金融体系还处在一个竞争性不足、创新能力不足的局面。农村金融的落后不符合可持续发展的内在要求（董晓林等，2016）。以落后地区特别是"三农"比重比较大的地区为重点，普惠金融改革试验区的建立以多层次的金融服务供给体系、担保体系和服务创新体系为基准，建设高质量、高水平的普惠金融体系，为改革完善国家金融体系赋能。

试验区建设实现了传统金融与新型业态的结合，将完善普惠金融服务保障体系，完善普惠金融基础设施，加强普惠金融知识教育的普及，推进农村支付环境的建设，加强金融科技的研发以及有力的监管措施，深化建设普惠金融生态圈。建立健全多渠道的普惠金融资金供给体系，有助于推动绿色金融的建设，提高风险控制的效率和力度，加强政府、银行、担保机构建立"政银担"风险分担体系与合作机制，发挥市场的主导作用以及政府的引导作用，最终推进金融体系、金融产品以及金融服务的不断创新。

4.2.4　建设中国良好金融生态环境的有力保障

农村金融落后、农户信贷可得性较低等问题，在一定程度上与金融生态环境相关。良好的金融生态环境建设依赖于金融参与主体的有效需求基础（粟勤等，2018）。通过国家普惠金融改革试验区的建立，能够推动中国良好金融生态环境的建设，更好的发挥金融对于国家经济发展、生态文明所起到的重要作用。通过建立良好规范的征信体系，能够减少道德风险，加强信用信息资料的收集和共享，简化贷款评估等手续。此外，还能促进小微企业等成为市场发展的主体，营造良好的信用环境。同时加强法律法规的建设和完善，加强监督体系的建设，营造良好的监管环境。比如江西省已建立金融审判庭，案件审理从立案到判决时间缩短至 30 天左右，处置效率大幅提升，全市金融生态环境得到极大改善①。

---

① 赣州建立普惠金融改革试验区取得阶段性进展，赣州市人民政府网站，2021-01-12。

4.3　国家普惠金融改革试验区建设的重要性

4.3.1　探索中国成为社会主义现代化强国的新路径

我国经济已由高速发展走进高质量发展的新时代，在全面建成小康社会的基础上进行社会主义现代化强国的建设。为了适应新时代发展的需要，普惠金融的发展为探索中国特色社会主义建设路径提供了金融基础。区域金融改革是国家供给侧结构性改革的重要组成部分（韩瑞栋等，2020），国家普惠金融改革试验区的建设，运用区域改革试点这一政策工具，对中国提升其国际地位起到日益重要的作用。通过普惠金融的发展改变和优化中国的经济结构，为经济体提供经济流动性，并适应其发展战略的需要，为实现乡村振兴、农业现代化、治理相对贫困和共同富裕等提供坚实基础。

4.3.2　推动国家全面深化改革和全面开放新格局

我国提出的构建新发展格局，即推动更深层次改革，实行更高水平开放，构建国内大循环为主体、国内国际双循环相互促进的格局，是新发展阶段我国发展战略目标的新定位（谢伏瞻等，2020）。普惠金融改革试验区正是国家全面深化改革在金融体系的实践，试验区通过实施金融服务体系建设、金融基础设施建设、资金供给体系、数字赋能、绿色金融、强化农业保险、优化金融生态环境、健全组织体系、充分运用多层次资本市场等一系列改革，为资源配置效率的改革和提高发展质量与效益的改革，匹配了坚实的金融基础。

4.3.3　实现实体经济稳步健康发展

通过建立普惠金融改革试验区，让普惠金融更好地服务于实体经济。通过降低流通成本，提升金融效率，为实体经济提供更好的金融服务（李扬，2017）。首先，高效完成风险控制、信贷审批等工作，更好地服务于小微企业的信贷需求。利用大数据等科学技术，实现金融服务的碎片化、便捷化、精准化操作，更好地服务于长尾客户群。其次，统筹配置信贷资源，聚焦金融薄弱领域，将新增资金向先进制造业等实体经济方面倾斜；多渠道为新型农民、新型农业经营主体、农业龙头企业等主体的发展给予普惠金融支持；支持以家庭为单位的生产、生活消费资金的需求；为小微企业实体经济中的融资信贷需求给予支持。再次，进一步优化普惠金融多层次供给体系，发挥大中型金融机构和新型经营主体的带动作用，强化地方普惠金融服务基层的发展，持续增强各类金融供给主体开展普惠金融业务的内生动力。

4.3.4　为实施数字普惠金融提供可复制经验

普惠金融改革试验区的建设，积极践行数字普惠金融的高级原则和世界银行数字普惠金融的政策方法，有助于探索出一条具有中国特色的数字普惠金融发展道路。数字普惠金融的发展有助于缩小城乡差距，因此中国应打造出一条多方合作互相支持的数字普惠金融生态圈（宋晓玲，2017）。试验区从方案制定到实施，都在构建满足需求的数字普惠金融服务体系，打造全面的数字普惠金融教育体系，建设高效率的数字普惠金融基础设施体系，为国内国际的数字普惠金融发展提供可参考可复制的成功道路，为全球数字普惠金融提供更多中国标准和中国方案。比如说，兰考县、宁德市等，特别是宁波市数字普惠金融改革试验区针对共性金融问题所探索的经验也在试验区所在省份进行推广。

5 国家普惠金融改革试验区的实验方案

5.1 国家普惠金融改革试验区的建设目标

5.1.1 建设长效金融支持机制

(1) 实现普惠金融发展环境的不断优化

推动建立与小康社会金融需求相适应的机构、监管、政策"三位一体"普惠金融制度体系。持续完善多层次、广覆盖的银行保险证券等金融组织体系,对不同地区普惠金融机构实行差异化监管,建立多元化的农村普惠金融支持政策。加强金融基础设施建设,加强普惠金融知识普及,完善普惠金融消费者权益保障机制。

(2) 推进贷款融资的新方式

利用资本市场培育发展股权融资、债务投资等新方式,不断优化融资结构。完善农村产权抵押担保权能,提高农户和新型农业经营主体的信贷可得性。发展数字普惠金融,有效缓解融资约束,降低融资交易成本(梁榜等,2018)。比如宁波市实施民营、小微企业授信户数三年倍增计划,到 2022 年末,民营企业贷款占全部企业贷款的比重达到 60% 以上,普惠小微贷款年均增速达到 20% 以上。到 2022 年末,出口信用保险保障金额达 300 亿美元,出口信用保险保单融资达 60 亿元[①]。2021 年 2 月龙岩市普惠型小微企业综合融资成本 5.29%,比2019 年初下降了 1.22 个百分点,提前完成全年下降 1 个百分点的目标[②]。

5.1.2 提升普惠金融服务体系效率和质量

(1) 提升金融服务可得性和满意度

通过金融创新和服务联结提升金融服务可得性和满意度。例如创新社保卡

---

① 宁波市普惠金融改革试验区建设实施方案(甬党办〔2020〕60 号),宁波市地方金融监督管理局,2020 - 08 - 31。

② 普惠金融,为乡村振兴添活力,福建省地方金融监督管理局网站,2021 - 02 - 18。

金融服务功能，充分利用服务网点和服务设施，进一步向乡村延伸社保卡服务网络，创新社保卡金融体系。通过数字信用体系和数字支付，克服信息不对称，降低金融服务成本，提升金融服务可得性。2021年初宁德市普惠型小微企业贷款余额294.32亿元，比年初增加81.08亿元[①]。赣州市布放聚合码的助农取款点2 600余个，农户移动支付支持率达到78%[②]。

（2）提高金融服务覆盖率

提高人均银行账户拥有量以及移动支付普及率，利用好乡村金融服务站和普惠金融综合服务站，在支付、信贷、投资等金融基础服务之上，添加农村电商、火车票代买等服务，扩展普惠金融的服务网络。继续推进数字金融产品创新，实施供应链金融服务，提高金融服务覆盖率和产业发展关联。《宁波市普惠金融改革试验区建设实施方案》中提出民生领域移动支付笔数年均增长10%[③]，试验区建立后不断加大对于银行网点的建设，持续提升存量账户的数量和质量，打造"智能化"＋"数字化"的移动支付场景应用。2021年初赣州市全市28万户特约商户实现银联移动支付，商户移动支付支持率达到96%[④]。河南省兰考县在一平台四体系的基础上提供"4＋X"服务："4"基础金融服务（包括小额现金存取、支付缴费、惠农补贴查询、社保费缴纳等）、信用信息采集更新、贷款推荐和贷后协助管理、金融消费权益保护；"X"指各主办银行提供的特色金融服务。2021年初江西省赣州市已经建成"农村普惠金融服务站"1 062个（其中贫困村覆盖率达94.43%）[⑤]，吉安市也已推出"吉惠通"一站式金融综合服务平台。浙江省宁波市全面对接国家级数据平台和省、市金融监管平台与服务平台，打造普惠金融综合服务平台"宁波样板"，并计划到2022年末，通过线上融资对接功能累计支持超1万家企业获得融资1 000亿元[⑥]。

5.1.3 推进信用体系和信息共享平台建设

（1）完善信用工作机制，建立信息共享平台

从兰考县2016年12月试验区建成至2018年11月，已为10万余户农户

---

① 普惠金融，为乡村振兴添活力，福建省地方金融监督管理局网站，2021-02-18。
② 赣州建立普惠金融改革试验区取得阶段性进展，赣州市人民政府网站，2021-01-12。
③ 关于《宁波市普惠金融改革试验区实施方案》的政策解读，宁波市人民政府网站，2020-08-14。
④ 赣州建立普惠金融改革试验区取得阶段性进展，赣州市人民政府网站，2021-01-12。
⑤ 赣州建设普惠金融改革试验区成效初显，赣南日报，2021-01-11。
⑥ 宁波市普惠金融改革试验区建设实施方案，宁波市人民政府网站，2020-08-13。

发放普惠金融授信证,基本实现"普惠授信户户全覆盖"的目标,签订普惠授信贷款合同 8 540 户、3.53 亿元①。宁德市力争到 2022 年末全市创建 300 个普惠金融信用村,30 个普惠金融信用乡镇,2～3 个普惠金融信用县,推动征信自助查询网点建设,打通征信服务"最后一公里",力争到 2022 年末实现宁德每个县域城区设立 3 个以上征信自助查询网点②。

(2)深度发展数字信用体系,破解信息障碍

以数字技术变革传统金融信用体系建设,从数字支付普及中获取信用信息。联结信用信息和数字支付,提高违约成本,克服信息不对称,推进普惠金融服务的普及。图 5-1 展示了 2020 年各省数字普惠金融总指数,目前已成立的试验区所在省份的排名分别为:浙江省排名第三名,福建省第五名,山东省第十名,河南省第十四名,江西省第十五名。绝大部分试验区属于全国数字普惠金融指数第二梯队,有基础并有发展空间。

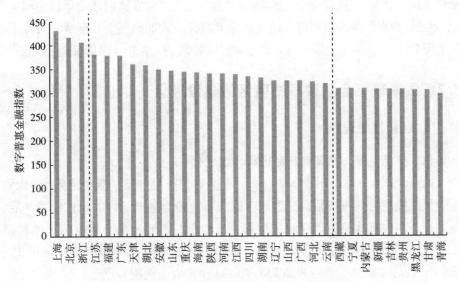

图 5-1 2020 年各省数字普惠金融总指数分布③

---

① 兰考脱贫的普惠金融之力,中国人民银行网站,2018-11-16。
② 福建宁德:"创建普惠金融信用乡镇信用村"营造良好农村金融信用生态,中国人民银行网站,2021-01-07。
③ 资料来源:北京大学数字普惠金融指数(2011—2020 年)。

5.1.4 建立健全普惠金融保障体系

（1）加强多维度的风险管理体系建设

普惠金融涵盖信用风险、道德风险、操作风险、市场风险等（陆岷峰等，2019）。有效的金融监管能够保障数字金融发挥创新驱动的积极作用（唐松等，2020）。应建立规避多维度风险的新型风险管理机制，落实"一业一模式，一户一对策"等具体实施举措。比如山东临沂市狠抓金融风险防控，积极推动应急转贷业务扩面增效，2020 年市、县两级应急转贷基金累计为 1 041 户企业及个体工商户提供了 1 207 笔应急转贷基金，金额达 103.18 亿元[①]。

（2）建立健全多部门合作的普惠金融保障体系

加强贷款户、金融部门、金融监管部门和公检法部门合作的联合防控机制，实施基于数字技术的风险防控和预警机制。比如赣州市建立和完善了"银行抽贷定期报告制度""问题企业贷款协调处置制度""地方政府还贷周转金机制""金融案件快审"等四项制度，建立金融审判庭，从 2020 年 9 月至 2021 年 1 月，共审理案件 297 件，结案 255 件，其中调解结案 39 件，保护金融债权 6 亿余元[②]。

5.2 国家普惠金融改革试验区的建设理念

5.2.1 创新发展理念

（1）产品创新，对现有产品进行持续优化

通过"产业＋银行＋个人"方式，创新普惠金融产品，特别是有利于农村金融风险控制的创新产品。打造具有地方特色的金融产品，如绿色信贷产品、抵押快贷、"闽林通""福海贷"等。比如宁波市开发的金融服务地图移动 APP，提供金融服务基础设施搜索、定位、导航功能，2021 年 4 月已标识 2 268 个网点、2 070 个离行式 ATM、2 234 个助农金融服务点[③]。

（2）服务创新，完善普惠金融配套服务设施

加快普惠金融服务到村和到户的建设速度，加大 POS 机具和转账电话的

---

① 2020 年临沂市金融运行平稳　主要指标实现历史突破，临沂市人民政府新闻办公室，2021 - 01 - 30。

② 赣州建立普惠金融改革试验区取得阶段性进展，赣州市人民政府网站，2021 - 01 - 12。

③ 宁波探索构建促融资优支付强监管的数字普惠金融体系，宁波市发展和改革委员会，2021 - 04 - 27。

投放力度，依托超市、卫生所便民服务点设立惠农支付点。升级在线普惠业务，升级小微服务，积极建设打通金融服务"最后一公里"。比如宁德市推出了担保云、蓝色银行、海上移动银行、民富宝、畲乡贷、菌菇贷、茶贷通、海参仓单质押担保等一系列金融服务平台、金融服务模式、金融产品，为闽东地区普惠金融注入活力。

（3）体系创新，以集群引领普惠金融体系

从普惠金融业务模式、信息服务、政策制度等方面进行发展创新，制定普惠金融政策指引，审查审批指引。建立小微企业信贷增长计划，出台专项政策，打造电商平台、区域集群、产业集群等运作方式。

5.2.2 城乡协调发展理念

（1）推动普惠金融城乡统筹发展

推动普惠金融在城乡之间协调融合发展，契合国家城乡融合战略。破除城乡之间的巨大差异，扩大普惠金融城乡服务网络，实现生产要素在城乡之间的流动。建立健全普惠金融城乡融合发展机制，提升县域金融服务能力，完善普惠金融城乡融合发展的政策体系。

（2）建立普惠金融城乡共享机制

继续推动"线上＋线下"融合业务的推广，将城乡网络信贷平台与大数据体系相结合，实现有效资源共享、有效信息共享。搭建城乡普惠金融共享服务平台，发展城乡市场并通过平台与客户建立对接关系，实现场景建设"引进来"的服务，坚持城乡协作，叠加更多普惠金融服务。立足于打造普惠金融示范工程，实现城乡居民共享便捷的金融服务。

5.2.3 绿色金融理念

（1）以普惠金融和绿色金融的协调发展促进绿色农业发展

绿色金融是助推绿色创新实现绿色发展的重要力量（王馨等，2021）。"三农"是普惠金融和绿色金融共同支持的重点领域，故二者的协调发展可以促进绿色农业产业和农业企业的持续发展。试验区建立绿色金融专项资金，完善绿色金融相关法规引入更多绿色金融资源以及高水平的绿色金融人才，为绿色金融的产品创新以及监管体系的建设提供资金支持。当前，江西省绿色金融改革取得重大进展，绿色金融发展指数排名全国第四，绿色市政专项债、"畜禽洁养贷"等十余项改革经验被央行采纳并推广。赣州、吉安普惠金融改革试验区开展"两山银行""湿地银行"制度试点，2021 年 3 月全省绿色信贷余额达到 2 586.6 亿元、同比增长 20%[①]。

（2）依托普惠金融创新绿色金融工具体系

推进绿色信贷、绿色债券、绿色基金、绿色保险、绿色租赁等绿色金融产品创新模式与载体的探索。同时发挥绿色金融工具优势，对其进行组合使用。根据各地绿色经济发展情况有针对性地推动绿色金融工具的使用，再结合地方情况对其继续优化和修改。2019 年 6 月江西赣州新区已经成功发行了全国首单经认证的绿色市政专项债券。2018 年江西银保监局授牌的 7 家"赣江新区绿色支行"成为全国首批绿色支行。截至 2019 年底，这 7 家赣江新区绿色支行的绿色信贷（即节能环保项目及服务贷款）余额，占其全部信贷余额的平均比例为 78.07%，绿色信贷授信客户占其项目授信客户数的平均比例为 74.06%，均高于 60% 的监管要求[②]。

5.2.4 对外开放理念

（1）建立多元化的普惠金融合作模式

以对外开放理念实现合作共赢，参照国际国内可复制的成功合作经验，纳入多元的参与主体。普惠金融对外合作模式大幅度加宽，提升市场竞争度，扩大金融供给，满足更多层次的普惠金融需求。据宁波市金融办消息，从 2020 年起，中国农业银行将在未来 5 年至少提供 300 亿元意向性融资，支持宁波进出口总额 2025 年实现翻番；支持"3433"服务业倍增发展行动，帮助宁波做大做强现代贸易、现代物流、现代金融等三大五万亿级产业。

（2）打造开放式的主体多元的普惠金融应用体系

通过银行与政府等合作，深化"银政担"合作机制，发展"银政担"风险分担体系。发展小微园区金融服务，深化"小微＋银行＋园区"的开放式金融合作服务模式。打造普惠金融对外开放平台，开展对外合作交流，打通信息壁垒，在对外开放的过程中及时把握风险控制，建立监管制度，为中国普惠金融体系建立全新的对外开放格局。

---

① 江西日报：关于国家生态文明试验区（江西）建设情况的报告，江西省发展与改革委员会，2021－03－16。

② 7 家"赣州新区绿色支行"成为全国首批绿色支行，江南都市报，2020－05－28。

5.2.5 全民共享理念

(1) 全民共享普惠金融服务

通过金融机构的不断创新和对外开放，全民都能够共享小额、便利、快捷的支付服务，小微企业的信贷需求都能得到满足。开展普惠金融共享新模式，构建信息共享平台，扩大普惠金融信息数据库，创立多种信息收集获取的渠道，推进政务信息与金融信息之间的联系。2018 年上半年开始，"一平台四体系"兰考模式开始逐步在省内开封市及 22 个试点县（市、区）进行复制推广，展现出蓬勃的生机和活力，进一步丰富了普惠金融的实践[1]。

(2) 全民共享普惠金融保障体系

针对贫困、偏远地区等弱势群体的金融需要实行政策保障体系，有效提升普惠金融服务的可得性，增强人民群众对于金融服务的获得感。通过保障体系的共享机制，让人民群众的金融权益能够得到充分保障。在 3·15 消费者权益日等积极开展权益知识普及活动，强化人民群众对于权益保护的认知，积极践行"金融知识普及"的"最后一公里"行动。

5.3 国家普惠金融改革试验区的建设原则

5.3.1 市场导向原则

(1) 积极发挥市场的主导作用

金融发展的基础因素是市场。普惠金融的发展，也一样需要市场在资源配置中起决定性作用。发挥市场在金融资源配置中的决定性作用，明确市场在普惠金融体系建设中的主体地位，遵循市场的发展规律，通过市场激发金融机构服务小微企业等的创新驱动力。提升市场主体发展普惠金融的意识，落实普惠金融任务的"最后一公里"建设，构建商业可持续发展的普惠金融服务模式。

(2) 积极发挥政府的引导作用

小农的信贷排斥等问题是金融市场失灵的表现，单纯依靠市场的自发力量，是不可能实现普惠金融的。基于这些认识，国务院发布的《推进普惠金融发展规划（2016—2020 年）》中明确指出以"政府引导、市场主导"为原则，坚持市场主导与政府引导相结合，社会效益与经济效益相结合。加强政府与各

---

① 兰考县普惠金融"一平台四体系"模式的探索实践，河南省发展和改革委员会，2020 - 08 - 31。

机构达成多元化合作，优化政府在普惠金融发展中起到的监督以及示范作用，完善法律框架，优化普惠金融监管体制，及时纠正市场失灵和激励扭曲，让市场与政府所发挥的作用起到相互补充的效果，创造和谐稳定的普惠金融生态圈。

5.3.2　可持续发展原则

（1）推动金融业务的可持续发展

普惠金融的核心特点之一是可持续。可持续表现在业务和机构两方面。多渠道降低普惠金融业务的成本，实现金融业务的可持续发展。加大电子化、智能化等线上服务渠道的开发力度，强化网络金融、大数据、云计算在普惠金融中的应用，提升工作人员工作效率，降低金融服务成本，延伸金融服务半径，决胜"最后一公里"，推动普惠金融的可持续发展。

（2）推动金融体系的可持续发展

更新完善普惠金融结构体系，强化地方的配套支持，通过贴息、补贴、奖励等政策措施对金融机构起到良好的激励作用，同时完善风险分担机制。比如兰考县将贷款不良率划分为四段（2%以下、2%至5%、5%至10%、10%以上），2%以下的不良损失由银行全部承担，政府风险补偿基金随着不良率上升而递增，银行分担比例随不良率上升而递减，强化地方政府优化信用环境的责任[①]。

5.3.3　服务"三农"原则

（1）开展普惠金融惠农工程

对于贫困县等重点地域实施专项补贴等特殊政策，落实"三农"方面贷款的相关税收政策，设立"三农"融资租赁公司，加大"三农"相关工作的设备投入和科学技术支持，继续创新基础性金融服务、互联网电商金融服务、互联网信贷融资服务等为"三农"助力。临沂市各级财政坚持把"三农"作为财政保障的重中之重，2020年统筹整合涉农资金75亿元，其中市级整合11亿元，比上一年增长10%[②]。

（2）加大金融资源向"三农"服务倾斜

[①]　兰考县普惠金融"一平台四体系"模式的探索实践，河南省发展和改革委员会，2020-08-31。
[②]　勇于"出圈"善于"破题"——财金融合赋能乡村振兴，大众日报，2021-01-22。

"三农"服务的不充分，严重限制了乡村振兴等战略的有效实施（王国刚，2018）。建立普惠金融"三农"平台，即专门针对服务"三农"、精准脱贫的业务平台，建立营业网点、网上银行、金融服务点等多位一体的综合服务网络。比如江西省赣州市先后开发了"产业扶贫信贷通""农业产业振兴信贷通""小微信贷通""创业信贷通"等产品来服务"三农"。

（3）加快"三农"工作中普惠金融人才队伍建设

乡村振兴，人才是关键。普惠金融的发展，也一样需要大量的专业化金融人才。依托人民银行、农村商业银行和其他商业银行的普惠金融部，各级政府金融局的普惠金融部，高校普惠金融研究部门，成立扶贫惠农工作专门团队聚焦扶微、帮困两个"最后一公里"，确保专门的平台里有专门的人才来服务"三农"工作。

5.3.4　特色发展原则

（1）打造差异化产品体系

根据各地方不同产品特色以及各地区发展战略需要，为农户、贫困户等长尾客户提供有针对性的产品以及服务，与水产、养殖、旅游等特色产业联合发展，打造具有区域特色的产业品牌。成立专营于小微贷款等业务的特色机构，建立科技创新板、文创板等特色金融板块，形成各具特色、错位发展的普惠金融差异化格局。比如宁德市围绕茶业、水产、食用菌、水果、蔬菜、畜禽、中药材、林竹花卉及旅游等"8＋1"特色产业，开发具有宁德地方特色的金融产品，推广"福农贷""福海贷""家庭信用贷""快农贷""闽林通"等创新产品[①]。

（2）建立具有区域特色的普惠金融场景化服务

在县域、乡镇、集市等场所，打造各具特色的移动支付金融生态圈以及试验区。根据各区域特色进行有针对性的普惠金融知识宣传，以及推广地方支农保险项目，如低温指数、台风指数、养殖生产等具有地方特色的农业保险。比如临沂市兰陵县推行"大类间打通、跨类别使用"涉农资金整合使用机制，截至2021年4月累计统筹资金1.7亿元，打造了以代村田园新城为中心、辐射

---

① 《福建省普惠金融改革试验区工作推进小组关于印发宁德市普惠金融改革试验区实施方案的通知》，福建省地方金融监督管理局，2020－05－11。

带动周边 16 个村庄的乡村振兴示范区[①]。

5.4 国家普惠金融改革试验区的建设思路与重点

5.4.1 建设下沉式的金融服务模式

(1) 建立综合性全域金融服务模式

传统金融与数字金融共同发力，实现商业银行县域全覆盖、金融机构县域全覆盖、基础金融服务县域全覆盖、构建起由城市到县乡村等多级多层次的服务网络。兰考县试验区建成后不久，便已在 110 个县人民银行支行推进公共金融服务大厅建设，同时稳妥推进人民银行县支行发行库恢复。截至 2017 年 4 月，已建成公共金融服务大厅 40 个，在建 46 个，批复发行库 11 个，正式恢复运行 4 个。创建"普惠金融一网通"微信公众号，让群众能在平台上办理涉农补贴查询及社保医保、水电煤气缴费业务。此外还打造了融支付、理财、查询、政策宣传的"一站式"惠民服务，平台运行后仅 4 个多月时间，已拥有省内用户 11 万人，省外用户达 8 000 人[②]。

(2) 加强普惠金融知识教育的普及

培养公众的信用意识和契约精神，推进信用评定工作。培养金融风险意识，直面农民、低收入人群、老人等群体金融意识、金融素养缺乏的问题（粟勤等，2018）。实施金融消费权益保护协调联动机制，完善金融纠纷解决机制。《中国普惠金融指标分析报告（2019）》显示，全国消费者金融知识平均得分为 6.64 分，农村地区平均得分为 5.85 分，消费者在信贷、投资等方面的知识水平仍需提升。到 2020 年底，宁德市已实现普惠金融服务中心县域全覆盖，成立了浙江省首个县级金融消费者教育基地——福鼎市金融消费者教育基地[③]。2016 年兰考县全县 450 个村有 1 350 名金融知识宣讲员，共计 1 700 人参与学习[④]。宁波市计划到 2022 年末，金融知识教育对辖内学校覆盖率达 90％以上，对全市社区和行政村实现全覆盖[⑤]。

---

① 兰陵县"六措并举"财政金融政策融合支持乡村振兴硕果累累，临沂市政府网站，2021 - 04 - 09。

② 金融服务精准助力全省脱贫攻坚，河南日报，2017 - 02 - 21。

③ 福建：支小助微，金融惠企迈大步，福建日报，2020 - 12 - 25。

④ 兰考普惠金融知识讲习堂正式开讲，河南日报，2016 - 07 - 26。

⑤ 《宁波市普惠金融改革试验区建设实施方案》，宁波市人民政府网站，2020 - 08 - 13。

5.4.2　完善县域抵押担保制度

(1) 完善普惠金融信用担保制度

抵押担保和信用体系的建设是当前农村信用担保体系创新的基点（韩喜平等，2014），应该基于信用信息共享平台、数字信用体系，克服信息不对称，提供低成本的信用担保金融服务。2019 年、2020 年福建省宁德市两批共评选出 252 个普惠金融信用村、12 个普惠金融信用乡镇，普惠金融信用村镇平均贷款利率较正常利率低 1~3 个百分点[①]。龙岩市在全国首创林权直接抵押贷款"普惠金融·惠林卡"，被银保监会等部门列为"可复制、可推广的良好做法"，并在全国推广[②]。山东省临沂市沂水县与蚂蚁金服等开展合作，运用"310"信贷模式，即 3 分钟申请，1 秒钟审核放款，0 人工干预，2019 年全年信贷规模达到 20 亿元[③]。

(2) 积极拓宽农业农村抵质押物范围

鼓励担保公司和银行创新抵质押方式，提高抵质押物的有效抵质押率，创新金融机构内部信贷管理机制；推动新技术在农村金融领域的应用推广。推广厂房和大型农机具抵押、圈舍和活体畜禽抵押等抵质押模式。支持银行将养殖圈舍、大型养殖机械、生猪活体纳入可接受押品目录。山东省临沂市兰陵县先后推出"新型职业农民贷""思乡贷"等 80 余款产品，2020 年成功入选中国县域金融环境指数 100 强[④]。

(3) 发展数字担保综合服务平台

宁德市首创线上运行担保服务系统"担保云"，对接政府数据和市场数据，实现智能匹配个性化的融资解决方案，全流程线上审批和数据监测防控风险。2020 年该系统 1.0 版本已投入使用，截至 2021 年 4 月，宁德市政府性融资担

---

① 福建宁德："创建普惠金融信用乡镇　信用村"营造良好农村金融信用生态，中国人民银行网站，2021-01-07。

② 优化营商工作典型经验做法之八：龙岩市创新推出全国林权贷款第一卡，福建发改委网站，2021-04-08。

③ 普惠金融开展新型服务业态　蚂蚁金服助力沂水乡村振兴，临沂市发展和改革委员会网站，2019-09-25。

④ 兰陵县"六措并举"财政金融政策融合支持乡村振兴硕果累累，临沂市政府网站，2021-04-09。

保机构已纳入管理业务 19 731 笔，金额达 23.61 亿元，户均 11.97 万元[①]。

5.4.3 拓宽融资渠道

(1) 创新发展融资服务

首先，加强科创企业的上市辅导，推动有潜力的中小微企业加快上市以及融资进程，支持符合条件的企业发行债务融资工具，推进企业融资对接，举办融资对接活动，充分对接融资需求。其次，创新发展预付账款融资、应收账款融资等新型产品，推广具有"结算＋融资"功能的小微企业卡、乡村振兴卡等。自试验区成立以来，宁波市每年举办融资对接活动不低于 100 场，对接融资需求不低于 1 000 亿元[②]。

(2) 进一步降低中小微企业融资成本

积极采取财政贴息、担保增信等举措，健全融资担保机制，加强与国家、省级担保机构等合作，扩大"政银担"风险分担覆盖面，建立资本金补充、代偿补充、风险分担等工作机制，对于融资担保公司的注册资本金进行严格管理，严格履行金融监管职能。实质性降低中小微企业融资风险，降低融资成本。宁德市设立的中小微企业纾困贷款，由财政按照"先贴后补"方式给予 1 个百分点贴息，平均年化利率仅 3.38%。2020 年 1—11 月，全省政府性融资担保机构累计为 5.81 万户（次）中小微企业和"三农"主体提供 359.72 亿元融资担保服务，平均融资担保费率为 0.66%[③]。

(3) 推广数字融资服务平台

通过打造线上融资服务平台实现融资功能的对接，在服务渠道、服务范围等方面继续改革创新。宁德市推出"金服云"平台，通过批量接入和企业授权获取等方式汇聚了电力、税务、商务、市场监管、社保等 17 个部门的 4 400 多项涉企数据，2020 年以来，平台用户实现爆发式增长，截至 2020 年底注册企业已突破 9.2 万户，全省主要银行机构均入驻并发布金融产品 371 款，累计解决融资需求超 1.15 万笔，金额逾 436 亿元[④]。

---

① 优化营商工作典型经验做法之九：宁德市打造"担保云"线上平台，福建发改委网站，2021 - 04 - 12。

② 数据来源《宁波市普惠金融改革试验区建设实施方案》。

③④ 福建：支小助微，金融惠企迈大步，福建日报，2020 - 12 - 25。

5.4.4　完善农村产权抵押担保权能

（1）探索符合普惠金融发展需要的农村产权抵质押物

农户获取正规信贷的主要方式仍旧是抵押和担保（何广文等，2018）。拓宽农村产权抵质押物范围，形成以农村产权交易所为核心的确权、鉴证、抵押实施、抵押品重新出售等产权抵押融资服务机制，精准定位贷款双方的抵押物性质。鼓励金融机构和农村产权交易所合作推出农村产权融资的成功案例。

（2）加快推广农地抵押贷款

依托市场化运作的农村产权交易所，理顺独立于金融机构的抵押担保运作过程，保证抵押物能够顺利处置，激发农地的信贷效应。推进农村集体经营性建设用地使用权、承包地经营权、集体资产股权等担保融资以及宅基地使用权和农民住房财产权抵押贷款。

（3）重点发展农业生产设施抵押贷款

现代农业是设施农业，农业企业的资产大部分以农业生产设施形式存在，并持有其完全产权。确定农业生产设施产权，并发挥其抵押担保权能，满足新型农业经营主体的资金需求，使其在没有政府补贴的情况下获得利润，得到持续发展。

（4）加快推进和完善林权抵押担保融资机制

明确林业经营主体的经营收益权。建立健全林业碳汇交易市场运行机制；以立法、税收、监管等法律和经济手段，促进林业碳汇交易供求方协调发展。加快推进碳汇建设项目融资、碳汇收益权证券化、碳汇产品期货等林权抵押担保融资方式的创新。

5.4.5　完善农村保险综合水平

（1）扩大保险服务范围

进一步优化农业保险服务点的布局，在农民自愿进行参保的基础上，对于农民的保险需求应做到能保尽保，引导保险机构下沉服务重心到农业生产、生活、医疗、文化、旅游等各方面，对于"三农"保险产品进行增品扩面。2019年，全国保险密度为 3 045.96 元/人，同比增长 11.8%；保险深度为 4.30%，比上年高 0.08 个百分点①。以龙岩市为例，多方面发力持续推进"三农"综合保险优化升级，创新推出连城白鸭养殖保险、河田鸡养殖保险等 17 个保险

---

① 数据来自中国人民银行《中国普惠金融指标分析报告（2019）》。

产品，涉及 15 类特色农业产品，2020 年共承保 6 053 件，保费 6 894.74 万元，保额 141.64 亿元[①]。吉安市安福县创新推出井冈蜜柚价格指数等特色农业保险产品，截至 2021 年 4 月共为 6 家合作社承保井冈蜜柚 1.3 万亩[*]，总保费 399 万元，涉及农户 660 户，已支付保险理赔款 311 万元[②]。

(2) 创新保险服务产品

针对涉农自然灾害等进行保险产品的创新，打造具有地理标识的农产品特色农业保险，增强农民抗击风险的能力，深化推进结合地方政府、参保个人以及保险机构三方参与的保险机制。开发特殊群体保险，助推保险扶贫。为失独家庭、独生子女家庭、残疾或重大疾病老年人等特殊群体提供保险项目。开发"基本险＋附加险"等形式，开发对口帮扶类保险，通过民生类、产业类保险组合型保障，缓解农民因灾返贫或因病返贫等问题，将保险类业务与脱贫攻坚深度结合。至 2021 年龙岩市森林保险已全面覆盖全市生态林和国有林场，水稻种植保险实现全市覆盖，能繁母猪保险基本做到应保尽保。

5.4.6 加强实施现代金融科技

(1) 推行金融科技应用试点

加强金融科技监管顶层设计，充分涉及物联网、小额信贷、智能银行、手机支付等多个方面，就多种金融业务场景发展创新，营造优质用户体验。推进金融科技创新监管试点，谨慎而有策略地进行"监管沙箱"试点政策，降低成本和不确定性（杨东，2018）。实现事前与事后充分监管，合理安排退出机制，充分保障金融消费者的合法权益。例如宁波市建立的数字普惠平台，运用大数据、生物识别、人工智能等技术积极探索普惠金融应用场景，截至 2020 年底已采集入库政府以及企事业单位、金融机构信息 11.5 亿条，信息主体覆盖全市 106 万家企业（含个体工商户）、101 万农户、9.8 万户低收入家庭以及34.2 万产业工人[③]。

(2) 推行金融产品与科技深度融合

将科技深度嵌入基础性金融服务，缓解信息不对称、降低交易成本（粟勤

---

① 宁德龙岩：普惠金融，为乡村振兴添活力，福建日报，2021－02－18。
＊ 1 亩＝1/15 公顷。
② 安福县三向发力推进普惠金融改革，吉安市人民政府网站，2021－04－18。
③ 市级首贷服务中心成立 宁波普惠金融改革迎来深度助力，宁波市发展和改革委员会，2020－12－28。

等，2017）。比如，发展基于生物识别技术的移动支付、网络结算技术，拓宽金融科技应用场景。江西赣州市推出"线上＋线下"融资服务，引领小微企业、个体工商户等在"江西省小微客户融资服务平台"进行注册，截至 2021年 11 月注册数达 55.89 万户，注册率达 94.5％[①]。

（3）健全金融科技人才培养机制

发挥金融科技与人才的合力作用，针对不同方面的需求建立多层次、多元化的人才培养网络，对于技术开发、产品设计等人才进行核心培养，并培养高科技人才的道德意识。建立健全绩效考评机制，完善人才培养制度，激发科技人才的创新性。构建多元化合作渠道，充分吸纳有效资源，借助外部力量实现金融科技创新。

---

① 赣州建设普惠金融改革试验区成效明显，江西日报，2021－01－21。

6 国家普惠金融改革试验区的
选择标准与依据 ///////////////////

6.1 国家普惠金融改革试验区选择标准

6.1.1 普惠金融的功能

普惠金融是"能有效、全方位地为社会所有阶层和群体提供服务的金融"，可以使"个人和企业获得和使用适当的金融产品和服务"，要求"立足机会平等要求和商业可持续原则，以可负担的成本为有金融服务需求的社会各阶层和群体提供适当、有效的金融服务"[①]。金融是现代经济的核心，金融发展可以盘活经济增长，并使增长提质增效。普惠金融可以解决中国发展中的如下核心问题：

(1) 促进经济增长

普惠金融的发展对本国经济增长和平衡收入不平等具有显著的促进作用（Arandara 和 Gunasekeraet，2020）。普惠增长是一个长期概念，其理念是鼓励生产性就业，而不是简单的收入再分配，需要提高增长速度，扩大经济规模，为投资提供公平的竞争环境，普惠金融是普惠增长的一个重要推动因素。因为，它有助于人们对未来进行投资、管理金融冲击和平稳家庭消费，从而有助于减少贫困和不平等（Arandara 和 Gunasekeraet，2020）。

(2) 平衡收入不平等

普惠金融对农民、城镇低收入人群和慢性病人、老年人等特殊群体有更大的减低贫困作用，并有助于提高扶贫的成效（尹志超和张栋浩，2020）。在中国，开通银行账户、正规贷款、商业保险和数字金融等普惠金融建设都可以减少贫困（尹志超和张栋浩，2020），从而促进收入平等。

(3) 促进乡村振兴

普惠金融建设可以促进乡村振兴，其广度和深度对于乡村经济发展、乡村

---

① 资料来源：《推进普惠金融发展规划（2016—2020 年）》。

的文化和生态建设都起到了积极作用（熊正德等，2021）。普惠金融使低收入和高收入的人都可以融入正规金融体系，从而为正规经济作出贡献，这些都会带来更多生产性就业机会（Ianchovichina 和 Lundstrom，2009）。以生产性就业为依托可以带动乡村文化和生态建设。

6.1.2 试验区普惠金融的发展基础

普惠金融发展基础是国家建立普惠金融改革试验区的重要依据，只有普惠金融具有一定的发展基础，才能实施相关的改革措施。普惠金融的发展程度可以用普惠金融发展指数来测度。

（1）地方普惠金融发展程度

普惠金融改革试验区的建立，需要一定的金融经济基础。就此，可参考如下一些指标：客户拥有账户的情况，在正规金融机构发生业务的情况，保险购买，非现金交易，是否使用数字支付，储蓄倾向，应对冲击的手段和来源，汇款的途径；中小企业拥有账户情况，拥有正规金融机构贷款或授信额度的情况，进行数字支付或接受数字支付的情况，拥有 POS 机的情况，服务网点的互通性；可得性指标，即物理服务网点指标，包括金融机构服务网点和 ATM 机数，支付服务代理商数；质量指标包括金融素养和能力，市场行为和消费者保护（信息披露和解决纠纷机制）；质量指标（使用障碍）包括要求抵押品等信贷障碍。此外人口规模小、社会消费品零售总额小、金融基础设施状况差的县域更易受到金融排斥（董晓林和徐虹，2012），也是普惠金融改革试验区选择中需要关注的重点。

（2）家庭普惠金融发展程度

家庭是普惠金融的微观需求主体。普惠金融发展的最终受益者是家庭和个人。在家庭方面，也需要一些指标来衡量普惠金融的发展程度和发展水平。家庭拥有银行账户、获得正规信贷、商业保险覆盖、使用数字金融服务及持有信用卡等五方面可以对家庭普惠金融发展程度进行衡量（尹志超和张栋浩，2020）。中国家庭普惠金融发展总体处于中上等水平。中国传统银行账户服务和数字金融服务还需要进一步发展，家庭正规信贷可得性低。农户、贫困家庭、低收入家庭、年老家庭尤其是夹心层家庭的普惠金融水平仍然很低，是尤其需要关注的问题（尹志超等，2019）。

6.1.3 数字普惠金融发展需求

弱势群体得不到正规金融服务的根本原因在于交易成本高。随着电子商务和互联网技术的发展，普惠金融的发展呈现出新格局。物理网点和 ATM 机等基础设施不再是为弱势群体提供金融服务的基本要求，存取款、贷款、转账、汇款、理财、保险和信用评级等服务可以通过互联网在客户终端进行；移动支付显示的客户信息成为金融机构获得客户信息、规避逆向选择和道德风险问题的重要来源，交易成本大幅度降低。数字化技术可以提高普惠金融的覆盖率和渗透性，能够通过提高农户的信贷可得性和缓解信息不对称来降低农户在未来陷入贫困的概率（彭澎和徐志刚，2021）。数字支付和数字投资服务显著促进了农村居民消费，这一作用对于中国西部地区更为显著（郭华等，2020）。特别是对于居住分散、贷款额度小、缺乏财务信息的农户和中小企业。我国的普惠金融的发展在国际上处于中等水平，但电子商务和互联网技术的发展处于国际领先地位，二者的结合可以实现我国普惠金融的超速发展。

选择普惠金融改革试验区需要考虑到数字普惠金融的发展，要求试验区的金融科技发达，可以为数字普惠金融的创新积累经验。数字金融的发展指标一般包括服务的广度、服务的深度以及服务的质量三个维度（表 6-1、表 6-2）。以中国社会科学院数字普惠金融指标体系为例，服务的广度包括移动支付服务广度、数字贷款服务广度、数字授信服务广度、数字理财服务广度、数字保险服务广度等维度；服务的深度包括移动支付服务深度、数字贷款服务深度、数字授信服务深度、数字理财服务深度、数字保险服务深度等维度；服务的质量包括便捷度、利率水平、安全度等维度。

表 6-1　中国社会科学院数字普惠金融指标体系

方面指数	分项指数	二级分项指数
服务广度	移动支付服务广度	
	数字贷款服务广度	
	数字授信服务广度	
	数字理财服务广度	
	数字保险服务广度	
服务深度	移动支付服务深度	户均数字支付笔数
		户均数字支付金额
		活跃支付用户占比

（续）

方面指数	分项指数	二级分项指数
服务深度	数字贷款服务深度	户均数字贷款笔数
		户均数字贷款金额
		每万人数字贷款首贷比
		数字贷款总余额/GDP×100%
		户均单笔数字贷款余额占当地人均 GDP 之比
	数字授信服务深度	全部授信用户中首次授信用户比
		户均数字授信额度与人均 GDP 之比
	数字理财服务深度	户均数字理财笔数
		户均数字理财金额
	数字保险服务深度	户均数字保险笔数
		户均数字保险金额
服务质量	便捷度	每万人口码商数量
		码商发展活跃度
		全天候金融服务程度
	利率水平	数字贷款利率水平
	安全度	数字贷款违约率
		账户安全险覆盖率

表 6-2　北京大学数字普惠金融指标体系

一级维度	二级维度	具体指标
覆盖广度	账户覆盖率	每万人拥有支付宝账号数量
		支付宝绑卡用户比例
		平均每个支付宝账号绑定银行卡数
使用深度	支付业务	人均支付笔数
		人均支付金额
		高频度（年活跃 50 次及以上）活跃用户数占年活跃 1 次及以上比

（续）

一级维度	二级维度		具体指标
使用深度	信贷业务	对个人用户	每万支付宝成年用户中有互联网消费贷的用户数
			人均贷款笔数
			人均贷款金额
		小微经营者	每万支付宝成年用户中有互联网小微经营贷的用户数
			小微经营者户均贷款笔数
			小微经营者平均贷款金额
	保险业务		每万人支付宝用户中被保险用户数
			人均保险笔数
			人均保险金额
	投资业务		每万人支付宝用户中参与互联网投资理财人数
			人均投资笔数
			人均投资金额
	征信业务		每万支付宝用户中使用基于信用的生活服务人数（包括金融、住宿、出行、社交等）
			自然人征信人均调用次数
数字支持服务程度	便利性		移动支付笔数占比
			移动支付金额占比
	金融服务成本		小微经营者平均贷款利率
			个人平均贷款利率

资料来源：北京大学数字金融研究中心。

6.1.4 绿色普惠金融发展需求

绿色金融是"支持环境改善、应对气候变化和资源节约高效利用的经济活动，即对环保、节能、清洁能源、绿色交通、绿色建筑等领域的项目投融资、项目运营、风险管理等所提供的金融服务"[①]。绿色金融和普惠金融都具有市场失灵、外部性和可持续问题，需要政府干预。两者协同发展实现其在一定领域的合作与融合，可以拓宽绿色金融的发展，提升普惠金融发展的质量和空间，绿色普惠金融是普惠金融未来的发展方向。普惠金融和绿色金融的融合空

---

① 资料来源：百度百科。

间目前主要在小微企业和农业。融合过程中是在绿色企业寻找弱势群体,还是引导弱势群体实现绿色发展?融合的组织和制度等问题需要成立试验区进一步进行探索。

6.1.5 普惠金融发挥作用的路径

普惠金融如何减贫和促进普惠的经济增长?当人们能够参与金融体系时,他们就能够更好地创业和扩张,投资于子女的教育,并平衡金融冲击。中国第四次全国经济普查的结果显示 2013—2018 年中小微企业成为推动经济发展的重要力量。因此普惠金融发展—创业和生产扩张—收入增长和经济增长,是普惠金融发挥作用的路径,因而试验区的选择要遵从普惠金融发挥作用路径,选择小微企业发展有一定基础的地区。

6.1.6 形成错位发展和各具特色的互补格局

小微企业、农民、城镇低收入人群、贫困人群和残疾人、老年人等特殊群体是当前我国普惠金融重点服务对象。他们不能得到正规金融机构服务的原因各有不同。小微企业不能得到正规金融机构服务的原因是贷款额度小、缺乏正规的财务数据、缺乏合格的抵押品、经营的市场风险高等。农民不能得到正规金融机构服务的原因是贷款额度小、缺乏正规的财务数据、缺乏合格的抵押品、经营的市场风险和自然风险高等,居住分散使农户获得金融服务的交易成本高。城镇低收入人群、贫困人群不能得到正规金融机构服务的原因是贷款额度小、缺乏合格的抵押品、收入低且不稳定等。残疾人和老年人不能得到正规金融机构服务的原因是行动能力和掌握新型金融科技的能力欠缺、贷款额度小、收入低且不稳定等。上述主体在具有共同原因的同时,也具有各自不同的问题。因此试验区应各有侧重点,各具特色,形成错位发展的格局。

6.2 国家普惠金融改革试验区选择依据

目前,国家在河南省兰考县、福建省宁德市和龙岩市、江西省赣州市和吉安市、浙江省宁波市设立了国家普惠金融改革试验区,国家在选择试验区时考虑了多重影响因素,形成了错位发展和各具特色的普惠金融发展格局。

6.2.1 侧重"革命老区＋经济落后地区"

革命老区绝大部分集中连片分布在省域交界处的山区，而且离本省中心城市的距离都较远，难以得到中心城市经济、文化及交通的辐射。如赣州距南昌438.8公里，吉安距南昌255.6公里，宁德距福州112.5公里，龙岩距福州376.6公里，兰考距离郑州129.6公里（郑克强和徐丽媛，2014）。山区地形和经济落后使革命老区的交通基础设施落后陈旧；农业和林业支撑的地方经济增长力不强；大量劳动力转移导致的收入外部依赖性强；同时劳动力的劳动技能低，尤其是资本积累不足，最终导致革命老区脱贫攻坚的任务加重（郑克强和徐丽媛，2014）。普惠金融试验区选择"革命老区＋经济落后地区"，可以依托试验区的优惠政策布局，推动革命老区实现脱贫攻坚和振兴发展。革命老区普惠金融发展的"先行区"和红色金融基因传承创新的"样板区"都显示了以普惠金融发展加快革命老区经济发展的政策意义。河南省兰考县试验区建设紧紧围绕"革命老区、普惠、扶贫、县域"四大主题。福建省宁德市和龙岩市，江西省赣州市和吉安市同属革命老区和贫困落后地区，符合"革命老区、普惠、扶贫、市域"四大主题。特别是福建省龙岩市、江西省赣州市和吉安市是原赣西南、闽西中央苏区的核心区。随着我国扶贫攻坚任务的完成，试验区的任务是建立与全面建成小康社会相适应的普惠金融发展的长效机制。

6.2.2 人口结构中农村人口占比偏高

农民是普惠金融关注对象中占比最高的人群，因此试验区必然要选择人口结构中农村人口占比偏高的县域，以提高普惠金融发展的广度。研究发现普惠金融可以促进乡村振兴，其广度和深度对于乡村经济发展、乡村文化和生态建设方面都起到了明显的积极作用，但在政治和社会建设方面还未起到应有的作用（熊正德等，2021）。试验区中，2016年河南省兰考县全县总人口85.18万人，常住人口63.67万人，城镇化率37.61％，农村人口占比62.39％。福建省宁德市常住人口289万人，城镇化率54.4％，农村人口占比45.6％；龙岩市常住人口263万人，城镇化率53.8％，农村人口占比46.2％。江西省吉安市常住人口491.79万人，城镇化率47.76％，农村人口占比52.24％。大部分试验区的农村人口占比达到了一半或以上，表明试验区的布局充分考虑了农村人口分布情况。

6.2.3 小企业聚集

普惠金融发挥作用的路径是创业和扩张，即基于生产目的而发展普惠金融，可以产生更大的乘数效应，促进经济增长和弱势群体收入提高。研究发现普惠金融可以分别通过促进家庭创业和提高风险管理能力的渠道降低家庭贫困和脆弱性（尹志超和张栋浩，2020）。浙江省宁波市和其他试验区相比，民营经济发达，小微企业发展基础好，具有试点小微企业金融的良好条件，试验区建设侧重探索金融服务民营经济及小微企业发展的有效路径。

6.2.4 普惠金融发展基础好

从已有的数据看，福建省宁德市和龙岩市、江西省赣州市和吉安市、浙江省宁波市的数字普惠金融指数从 2011 年到 2020 年，河南省兰考县的指数从 2014 年到 2018 年发展迅速，都处于较高的水平（表 6-3）。特别是赣州市 2011 年处于几个试验区中的较低水平，2020 年已提升到 263.52，和除宁波外其他几个试验区基本持平。同时，截至 2020 年 10 月赣州市已形成较为完善的金融服务体系，全市的"农村普惠金融服务站"在贫困村站点覆盖率达到 94.43%。宁波的数字普惠金融始终在几个试验区中处于最高水平，也承担了多重试验任务。各地普惠金融发展的差距有拉大的趋势，说明普惠金融发展和经济发展水平等因素密切相关。

6.2.5 具有数字技术优势或基础

数字化改变了普惠金融的发展路径。以数字技术、移动互联网和云计算为代表的数字化技术改变了普惠金融的社会性和持续性的矛盾，可以在保证金融机构持续性的基础上为弱势群体服务，从而解决了普惠金融的基本要求：可获得性、可负担性、全面性和商业可持续性（贝多广和李焰，2017）。宁波试验区的优势除了小微企业聚集外，还有一个优势是数字技术发达，可实现数字普惠金融的优先发展。北京大学数字普惠金融指数显示，数字普惠金融的发展和经济发达水平正相关，和互联网金融发展程度正相关。宁波的优势在于经济发达和互联网金融发达。2011—2020 年宁波的数字普惠金融实现快速发展（表 6-3），正是依托良好的数字技术基础，进行普惠金融结构性创新的结果。

表 6-3 试验区普惠金融指数比较（2011—2020 年）

年份	试验区	数字普惠金融总指数	数字金融覆盖广度	数字金融使用深度
2014	兰考县	44.91	45.03	45.19
2015	兰考县	68.19	71.12	66.51
2016	兰考县	87.56	92.12	84.53
2017	兰考县	103.21	93.43	118.02
2018	兰考县	105.56	92.68	126.69
2019	兰考县	115.28	96.97	142.35
2020	兰考县	116.82	99.18	144.28
2011	宁波市	81.77	98.61	84.13
2012	宁波市	129.17	137.35	141.87
2013	宁波市	168.04	165.33	186.30
2014	宁波市	186.10	198.25	178.69
2015	宁波市	213.31	216.16	197.33
2016	宁波市	228.33	225.82	231.77
2017	宁波市	258.55	243.96	283.73
2018	宁波市	274.40	262.88	279.45
2019	宁波市	288.94	281.90	288.35
2020	宁波市	301.13	297.09	299.61
2011	赣州市	48.38	38.34	67.09
2012	赣州市	88.48	74.20	105.58
2013	赣州市	126.02	104.41	136.54
2014	赣州市	140.38	137.43	128.85
2015	赣州市	169.64	157.02	156.55
2016	赣州市	195.14	171.11	204.73
2017	赣州市	224.36	196.08	253.11
2018	赣州市	236.95	219.34	241.59
2019	赣州市	250.84	240.73	247.24
2020	赣州市	263.52	258.28	256.51
2011	吉安市	36.31	25.95	53.77
2012	吉安市	77.68	61.28	102.28
2013	吉安市	116.92	90.86	133.47
2014	吉安市	130.64	123.43	134.22

（续）

年份	试验区	数字普惠金融总指数	数字金融覆盖广度	数字金融使用深度
2015	吉安市	158.32	140.85	151.55
2016	吉安市	184.47	151.14	199.46
2017	吉安市	208.62	173.31	246.52
2018	吉安市	221.07	194.77	233.79
2019	吉安市	234.85	215.05	239.35
2020	吉安市	247.45	231.51	249.38
2011	宁德市	63.67	74.53	69.51
2012	宁德市	112.21	113.32	116.75
2013	宁德市	150.71	145.51	147.13
2014	宁德市	162.22	176.76	131.18
2015	宁德市	193.58	192.43	169.63
2016	宁德市	213.55	200.05	223.42
2017	宁德市	242.78	220.79	273.37
2018	宁德市	256.56	239.70	264.73
2019	宁德市	268.97	257.10	269.88
2020	宁德市	282.40	275.77	279.12
2011	龙岩市	63.45	68.33	61.17
2012	龙岩市	104.75	106.03	105.98
2013	龙岩市	144.30	139.34	136.25
2014	龙岩市	158.02	172.07	129.95
2015	龙岩市	189.50	190.20	158.46
2016	龙岩市	212.80	198.04	212.35
2017	龙岩市	240.49	219.63	263.68
2018	龙岩市	253.53	238.66	255.80
2019	龙岩市	265.37	256.61	262.76
2020	龙岩市	275.94	272.90	269.74
2011	临沂市	48.51	38.09	54.95
2012	临沂市	87.26	76.84	99.10
2013	临沂市	126.86	109.88	136.40
2014	临沂市	136.99	143.94	118.48
2015	临沂市	171.41	165.24	148.75

（续）

年份	试验区	数字普惠金融总指数	数字金融覆盖广度	数字金融使用深度
2016	临沂市	195.41	178.31	199.12
2017	临沂市	221.92	201.03	241.73
2018	临沂市	236.14	220.32	238.02
2019	临沂市	249.34	237.95	246.40
2020	临沂市	263.02	256.23	253.62

注：兰考县域数字普惠金融数据统计开始于 2014 年。

资料来源：北京大学数字普惠金融指数（PKU‑DFIIC）2011—2020 年。

6.2.6 普惠金融和绿色金融结合发展的格局

　　江西赣州作为国家普惠金融和绿色金融双试验区，试点绿色普惠金融发展模式，推动经济文明和生态文明共同发展，摒弃先污染、后治理的发展之路。赣州市群山环绕，以山地、丘陵、盆地为主，其中丘陵面积 24 053 平方千米，占赣州市土地总面积 61%；山地总面积 8 620 平方千米，占赣州市土地总面积 21.89%，农业和碳汇为主的绿色金融资源丰富。赣州的绿色金融发展基础雄厚，实现了多领域的探索，包括将集中收储的林权置换成公司林权作抵押，试点将污水垃圾处理收费权、景区综合收费权、林权、水权、发明专利权、环保畜禽养殖经营权作为绿色金融抵质押。探索"保险＋期货"新模式、绿色供应链金融、绿色产业发展基金、绿色私募可转债、境内外上市等多领域创新。依托绿色金融发展普惠金融，实现绿色普惠金融的结构性创新，是赣州试验区的确立初衷。

　　七地试验区的选择各有侧重，形成错位发展的格局。江西的吉安市和赣州市，福建的宁德市和龙岩市成为试验区是因为革命老区＋经济落后＋农业人口占比高＋普惠金融发展基础好，而浙江的宁波市成为试验区是因为小企业聚集＋数字技术发展基础好＋经济发达。此外赣州市还特别承担了绿色普惠金融发展试验区的任务。各地试验区的建设和探索可以为我国普惠金融的全面铺开提供不同基础的示范样本。

7 国家普惠金融改革试验区的实践 ////////

发展普惠金融是全球的共识和统一行动。在中国，发展普惠金融已上升为国家战略。党的十八届三中全会首次在国家层面提出发展普惠金融，推动金融服务均等化；2016 年 1 月，中共中央、国务院印发《推进普惠金融发展规划（2016—2020 年)》，明确将发展普惠金融上升为国家战略；2017 年 7 月全国金融工作会议，习近平总书记对发展普惠金融作出明确指示，指出"要建设普惠金融体系，加强对小微企业、'三农'和偏远地区的金融服务"。从 2016 年 12 月到 2020 年 9 月，经国务院批准的普惠金融改革试验区共有七个，分布在五省，包括河南省兰考县、浙江省宁波市、福建省宁德市和龙岩市、江西省赣州市和吉安市、山东省临沂市。其中山东省临沂市为普惠金融服务乡村振兴改革试验区，其余为普惠金融改革试验区（表 7 - 1）。

表 7 - 1   国家普惠金融改革试验区设立时间表

序号	普惠金融改革试验区名称	设立时间
1	河南省兰考县普惠金融改革试验区	2016 年 12 月
2	福建省宁德市普惠金融改革试验区	2019 年 11 月
3	福建省龙岩市普惠金融改革试验区	2019 年 11 月
4	浙江省宁波市普惠金融改革试验区	2019 年 11 月
5	江西省赣州市普惠金融改革试验区	2020 年 9 月
6	江西省吉安市普惠金融改革试验区	2020 年 9 月
7	山东省临沂市普惠金融服务农村振兴改革试验区	2020 年 9 月

7.1   河南省兰考县普惠金融改革试验区

7.1.1   重点任务和主要措施

河南省兰考县是传统农业县，也是我国县域经济典型代表。2016 年 12 月，经国务院同意，中国人民银行、国家发展改革委、财政部、农业部、中国银监会、中国证监会、中国保监会联合河南省人民政府印发《河南省兰考县普惠金融改革试验区总体方案》（以下简称《方案》），兰考县成为全国首个国家级普惠金融改革试验区。

《方案》包括十个方面、二十七项主要措施：一是完善县域普惠金融服务体系。包括更好发挥银行业机构作用、规范发展新型金融服务组织、完善风险管理和分担补偿体系。二是强化精准扶贫金融服务。包括创新金融扶贫产品和服务模式、完善精准扶贫配套措施。三是优化新型城镇化金融服务。包括创新投融资机制、深化涉农和小微企业金融服务创新、支持农民工市民化。四是充分利用多层次资本市场。包括培育发展股权融资、债务融资。五是大力发展农村保险市场。包括扩大农业保险覆盖范围、创新推广各类涉农保险。六是深化农村支付服务环境建设。包括设立农村金融综合服务站、普及移动支付业务。七是强化要素服务平台建设。包括搭建信用信息平台、完善农村产权交易服务平台、推广动产质押融资服务平台、建立一网通金融服务平台。八是强化配套政策支持，包括加强财税政策扶持、强化货币政策工具支持、实施差异化监管政策。九是加强金融消费权益保护。包括健全金融消费权益保护工作机制、提高金融知识宣传教育的普及性和针对性。十是建立工作保障机制。包括加强组织领导、宣传引导和考核监督。作为传统农业县和县域经济的典型代表，兰考通过运用金融力量助推脱贫攻坚、乡村振兴和县域发展，由上至下探索出一条可持续、可复制推广的普惠金融发展之路。中国人民银行郑州中心支行行长徐诺金（2020）将具体措施总结为以下四点：

（1）建立专门工作机构

河南省专门成立试验区建设省级工作领导小组，研究谋划重点事项，统筹解决难点问题。全省金融系统成立7个普惠金融重点工作小组，明确7个重点领域主办银行。兰考县成立县级普惠金融改革工作领导小组，县乡村三级联动，深化工作落实。形成全省上下联动、齐抓共管的工作格局。

（2）建立专项工作制度

根据《河南省兰考县普惠金融改革试验区总体方案》（以下简称《方案》），专门出台《方案》落实意见，细化提出36条工作措施，确保将《方案》各项改革措施落实落细。围绕重点难点领域，先后出台"金融服务体系建设、普惠授信管理、信用体系建设、风险防控体系建设、'普惠通'APP、农民工市民化工作意见、差异化监管、资本市场融资、普惠保险、数字化普惠金融服务平台规范发展"等一揽子工作细则，制度化、规范化推动工作。

(3) 建立战略合作及督导机制

中国人民银行郑州中心支行率先与兰考县签署了《加快推进兰考县普惠金融改革试验区建设合作备忘录》。国开行河南省分行等 11 家省级金融机构与兰考县签署了《推动普惠金融发展中长期合作框架协议》。中国人民银行兰考县支行与当地金融机构签订了《扶贫再贷款、再贴现协议》。兰考县将普惠金融工作纳入乡镇、金融机构的年度考核，由县督查局跟踪督导。

(4) 建立政策集成机制

中国人民银行发挥领导小组办公室牵头作用，起草方案、制度、办法，并积极运用普惠金融定向降准、再贷款、再贴现等货币政策工具，支持普惠金融业务开展。财政、税务、发改、农业等各成员单位通过风险补偿、税收优惠、贷款贴息、费用补贴、奖励补助等措施，支持普惠金融工作。监管部门积极推动落实差异化监管和尽职免责制度，金融机构加大普惠金融供给，适度扩大基层信贷管理和产品创新权限，提升基层积极性和能动性。

7.1.2　主要成效

自兰考普惠金融改革试验区建立以来，该试验区建设紧紧围绕"普惠、扶贫、县域"三大主题，已初步形成了以数字普惠金融综合服务平台为核心，以普惠授信体系、信用信息体系、金融服务体系、风险防控体系为基本内容的"一平台四体系"兰考模式。通过数字化平台"普惠通"APP，极大缓解了普惠金融在落地过程中效率低、风控难、成本高的问题，并使得普惠金融建设延伸至"最后一公里"；通过构建"信用信贷相长机制"，解决农村地区居民缺乏信用信息数据、信用体系建设难的问题；通过推广以"普惠授信"为核心的普惠金融产品体系，设立三级普惠金融服务站，将农村地区的金融服务与利民业务相融合，强化基层地区的服务效率，缓解了农村地区融资难的问题；通过创新性搭建"四位一体""分段分担"的风险分担机制，解决普惠金融工作开展中的风险防范问题。

7.1.2.1　普惠金融在面上有发展

兰考县辖 13 个乡镇、3 个街道，454 个行政村，3 049 个村民小组，总人口 87 万，总面积 1 116 平方公里[①]。自 2016 年 12 月普惠金融改革试验区成立以来，兰考创新推出"普惠授信"贷款，推动"普惠授信户户全覆盖"，变"信用＋信贷"为"信贷＋信用"，无条件、无差别地给予每个农户 3 万到 8 万元的基础授

---

① 资料来源：兰考县政府信息网站。

信，解决了长期以来农户面临的"贷款难、慢、贵"问题。一方面，兰考鼓励金融机构在当地推出以小额信贷为基础的普惠授信产品，实现"应贷尽贷"；另一方面，通过"授信"于农户，并在其"用信"过程中完成信用信息采集和完善，积极培育信用意识，构建"信用等于财富"的良性金融生态。

2017 年 2 月 27 日，兰考县正式退出贫困县序列，是河南省首个"摘帽"的贫困县，也是全国第一批实现脱贫的国家级贫困县。兰考普惠金融试验区成立后，农户的金融服务覆盖面、可得性、满意度等评价指标持续提升。《北京大学数字普惠金融指数》显示（图 7-1），2014 年起，兰考的数字普惠金融指数呈现出持续增长的态势。尽管增速连年下降，但兰考县数字普惠金融指数增速在 2017 年、2018 年和 2019 年超过了河南省平均普惠指数①增速，说明兰考县数字普惠金融发展超过了全省的平均水平，普惠金融改革已初见成效。

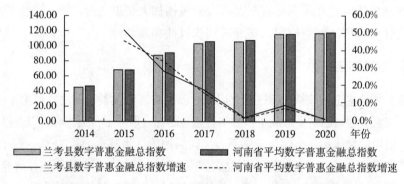

图 7-1　2014—2020 年河南省和兰考县数字普惠金融总指数
资料来源：北京大学数字普惠金融指数（PKU-DFIIC）2011—2020 年。

普惠金融改革试验区成立以来，兰考经济发展迅速，2016 年至 2019 年，兰考县 GDP 平均增速为 9.0%，河南省 GDP 平均增速为 8.9%；兰考县人均 GDP 平均增速为 11%，河南省人均 GDP 平均增速为 9.5%②，两者增速均高于河南省同期增速（图 7-2）。2019 年河南省 GDP 为 54 259.2 亿元，与 2018 年同期相比增长 7.0%；兰考县 GDP 为 389.87 亿元，GDP 增速达到 8.0%。同年，河南省人均 GDP 为 56 388 元，环比增速为 8.2%，兰考县人均 GDP 为 59 942 元，环比增速为 12.7%。2019 年兰考县的 GDP 增速及人均

---

①　河南省平均指数是全省各地级市数字普惠金融总指数的加权平均。

②　河南省统计数据来源：2015—2019 年《河南统计年鉴》；兰考县统计数据来源：2015—2019 年《兰考县统计公报》及《开封统计年鉴》，下同。

GDP 环比增速均超过河南省同期水平。

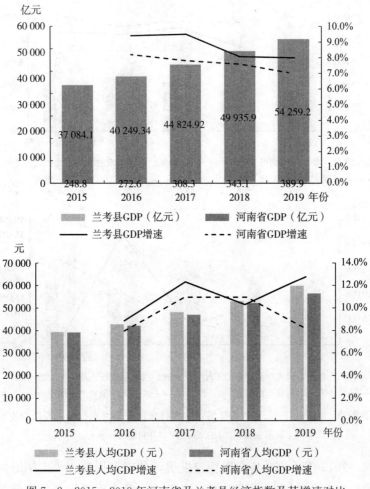

图 7-2 2015—2019 年河南省及兰考县经济指数及其增速对比

资料来源：2015—2019 年《河南统计年鉴》、2015—2019 年《开封统计年鉴》。

此外，2016 年至 2019 年间，兰考县城镇和农村居民人均可支配收入及人均生活消费支出均表现出持续增长的趋势，且农村地区的人均收入增长幅度始终高于城镇居民（图 7-3）。2019 年全县居民人均可支配收入为 18 228 元，与上年同期相比增长 10.5%，其中城镇居民、农村居民人均可支配收入分别达到 27 231 元、13 125 元，分别同比增长 8.8%、10.2%；全年城镇居民人均消费支出 20 323 元，农村居民人均消费支出 13 120 元，同比分别增长 11.1% 和 25.7%。

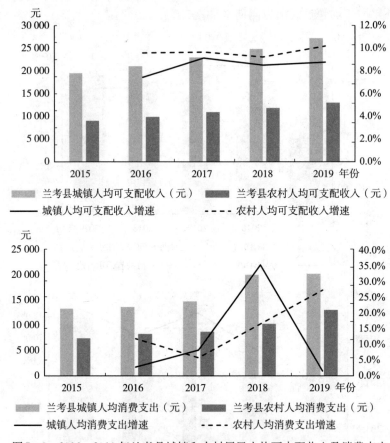

图 7-3 2016—2019 年兰考县城镇和农村居民人均可支配收入及消费支出

资料来源：2015—2019 年《开封统计年鉴》。

2016—2019 年，兰考县金融稳定发展，各项存贷款余额逐年增加，存贷款余额增长率在 2016 年达到最大值。其间，全县金融机构存贷款余额增长近一倍，以境内住户存贷款余额增长为主，同时每年的存贷款余额增速均超过同期河南省平均水平（图 7-4、图 7-5）。2019 年，全县金融机构各项存款余额274.84 亿元，与上年同期相比增长 16%，其中住户存款 202.78 亿元，同比增长 11.7%；各项贷款余额 210.70 亿元，同比增长 16.7%。

在保险方面，如图 7-6 所示，兰考县保费收入主要来源为财产险和寿险，而且在 2015—2019 年间，财产险收入表现出显著的上升趋势，占全县保费收入的比重从 67.8% 提升至 80.4%。2019 年，全县保费收入 15 310.19 万元，其中财产险收入达到 12 306.68 万元，寿险 2 683.70 万元，其他险种 319.81

万元。保险赔款支出 6 952.42 万元，其中财产险 5 167.61 万元，人身险
1 223.26万元，其他险种 561.55 万元。

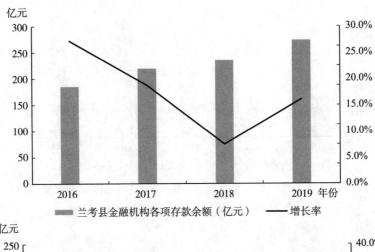

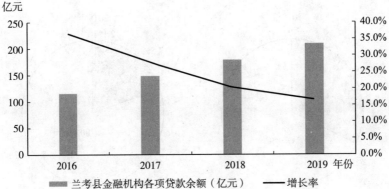

图 7-4　2016—2019 年兰考县金融机构各项存贷款余额及增速

资料来源：2015—2019 年《兰考县国民经济和社会发展统计公报》。

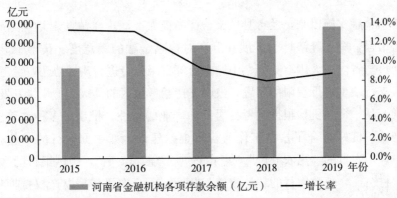

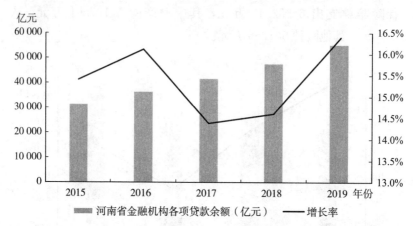

图 7 - 5　2015—2019 年河南省金融机构各项存贷款余额及增速

资料来源：2015—2019 年《河南统计年鉴》。

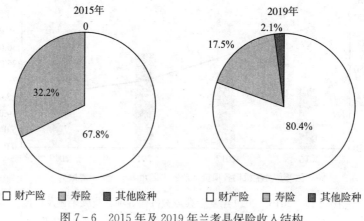

图 7 - 6　2015 年及 2019 年兰考县保险收入结构

资料来源：2015 年、2019 年《兰考县国民经济和社会发展统计公报》。

普惠金融实施以来，兰考县域金融产品极大丰富，金融服务实体经济的能力显著增强，全县经济社会发展和群众对普惠金融的满意度、获得感显著提高。通过与省内四大国有银行、中原银行等省级分行进行沟通协调，兰考解决了县级支行缺少审批权限的问题，鼓励支持兰考地区的县级支行积极开发和创新金融产品。金融机构根据兰考县居民和产业的特性，推出了多种"普惠型"信贷产品，良好融合了扶贫工作与普惠金融建设。如中原银行的"随心贷""旺农贷"，农行的"惠农 e 付""惠农 e 贷""惠农 e 商"，中国银行的"养殖贷""科技贷"，邮政银行的"畜牧贷""助业贷"、农民住房财产权抵押贷款，郑州银行的"小额宝""扶贫贷"等。

7.1.2.2 普惠金融已经基本形成完整体系

兰考试验区以"一平台四体系"为发展模式，探索形成了一条以点带面、全方位推进普惠金融改革试验区建设的普惠金融发展之路。"普惠金融一网通"平台基本搭建完成，四大体系基本建设完毕，农户信用信息采集、录入工作已经全面完成。

(1) 打造"普惠金融一网通"服务平台

平台提供了"支付、理财、保险、证券、生活缴费、惠农补贴、金融消费权益保护"等一系列服务，随着平台的升级，还开通了"普惠授信"在线服务、金融超市、二维码支付等功能，不仅解决了金融服务种类少、普及面少的问题，还大大减少了金融服务的推送成本。

(2) 健全农村金融服务体系

依托县、乡、村三级便民服务平台，为农户提供普惠金融服务。首先，在县级设立普惠金融服务中心。《2017年兰考县普惠金融改革试验区调研报告》指出，县行政服务中心的普惠金融服务中心已入驻银行、证券、保险、担保等单位17家、设立窗口22个，并且各个村委党群服务中心也建立了"4＋X"功能的村级普惠金融服务站[①]，每处都设置了POS机、ATM机等基础金融服务设施，兰考县人民在各自的金融服务站就可以办理存取款、转账等金融业务。其中的"4"为贷前推荐和贷后协助管理、信用体系建设和失信联合惩戒、数字普惠金融推广和基础金融服务、金融消费权益保护和政策宣传；"X"为银行、保险机构特色金融服务，让老百姓足不出村即可享受便捷的金融服务。通过建设"4＋X"功能的村级普惠金融服务站，将基础服务、信用建设、风险防控、金融消费权益保护和银行特色服务整合起来，从而为广大农民提供综合性线下金融服务。除了这些基本的金融服务外，服务站实行主办行制度，鼓励主办行加载具有自身特色的业务，为农村居民提供更加多样化的产品和服务，为普惠金融服务产业打下了坚实的基础。此外驻村工作队普及金融知识，打造了"金融夜校"升级版，践行普惠金融职责，进一步拓宽了普惠金融的服务领域，提高了农户对金融知识的知晓率，让更多百姓享受到金融服务的好处。

(3) 健全普惠授信体系

为加快落实央行的支农再贷款力度，"宽受信、严启用、严管理"的原则

---

① 资料来源：《2017年兰考县普惠金融改革试验区调研报告》。

在各金融机构中得以贯彻，并根据该原则不断创新普惠授信模式。比如，对满足"两无一有（无不良信用记录、无不良嗜好、有产业资金用途）"条件的农户给予低息授信从而破解了因信用缺失导致的"贷款难"难题。此外，集体授信也有效降低了金融机构的人力物力成本。

（4）健全信用建设体系

创造性地设计了"诚实奖励、失信惩罚"的信用信贷相长机制。围绕"放宽授信、激励守信、严惩失信"完善政策措施，用好信用红利，减轻农户信贷成本。让农民能够享受诚实守信带来的优惠和便利。如果农民申请贷款就要采集信息，并建立正向激励机制。若农户还贷情况良好，则给予其提升贷款额度、信用等级的奖励，引导农户在使用贷款时养成良好习惯，实现信贷和信用的相互增长，提高信用意识。

（5）健全风险防控体系

为有效解决普惠授信过程中的责权利不对等问题，兰考县创新实施了"银政保担"共担，按照权、责、利建立"分段核算"普惠授信风险防控机制，破解了"风险大"难题。具体来说，把普惠授信不良率划分为不同等级，规定了银行、保险、担保机构和政府在不同等级所需承担的责任。与此同时，还设计了风险隔离机制，当整村、整乡普惠授信不良率超过隔离点时，停止向该村或该乡发放新贷款，并实行不良贷款清收。隔离点高低由政府根据自身财力自主设定。

7.1.3 存在问题

"兰考模式"不仅是以人民为中心、助力乡村振兴的一次成功实践，也为其余地区开展普惠金融提供了良好的参考与借鉴。通过五年来的发展，兰考县已形成具有自身特色的"兰考模式"，但在发展过程中仍存在以下问题。

7.1.3.1 普惠金融发展的可持续性问题

从资金供给端看，兰考部分机构主体认为普惠金融业务的开展有政府兜底（如政府设立了各类风险补偿基金等倾斜政策），贷款审核不严格按照规定程序执行，为完成政策性任务而单纯地向农户等"输血"，对此部分贷款不关心后续发展问题。由于缺乏足够的利润驱动，导致部分金融机构参与主动性不足。从资金需求端看，部分农户对普惠金融的概念、内涵认识不够清晰，简单地将普惠金融的一些惠民政策认为是国家下发的补贴，责任意识淡薄，导致机构发放的一些"普惠型"贷款无法收回，金融机构的利益得不到保障、政府补贴基金需求额度大，损害普惠金融发展的可持续性。

7.1.3.2　产品和服务的供需匹配度有待提高

农业生产具有周期性，但是目前面向农业的流动资金贷款只有一年期限，导致农业经营主体还款压力较大，这不利于长周期的农业生产。此外，以普惠授信为代表的小额农户贷款虽然在一定程度上解决了农民融资难、融资贵的问题，但是由于额度偏低，对中小企业和农业种植、养殖大户来说仍是杯水车薪，而这些主体由于普遍缺少抵押品、实物资产少且一般流动性差、种植养殖风险难料、经营业绩受经济环境影响较大等问题，仍很难独自从正规金融机构获取能满足其需求的贷款。

7.1.3.3　贷款风险熔断机制不灵活

为确保信贷资金的安全，兰考县设置了风险熔断机制。根据兰考县印发的《关于加快推进兰考县产业发展信用贷工作的实施法案》规定，对贷款不良率超过 5％ 的乡镇（街道）、贷款不良率超过 7％ 的行政村（社区），相关银行业金融机构暂停贷款发放，并实行不良贷款清偿；当贷款不良率下降到设定标准后，再恢复贷款收放。然而，由于贷款大多为一年限期，加之农业种植周期、农业种植风险等问题，时常有部分农户不能按时还上贷款，这就导致整个乡镇、行政村的其他居民也无法获取贷款，影响其余农户的发展。

7.2　浙江省宁波市普惠金融改革试验区

7.2.1　重点任务和主要措施

7.2.1.1　重点任务

浙江省宁波市地处东部沿海经济发达地区，民营经济发达、小微企业众多，试验区建设侧重探索金融服务民营经济及小微企业发展的有效路径。2019 年 11 月，经国务院同意，中国人民银行、国家发展改革委、财政部、中国银保监会、中国证监会等五部委联合印发《浙江省宁波市普惠金融改革试验区总体方案》，宁波获批建设普惠金融改革试验区。普惠金融改革试验区的成立对宁波普惠金融改革创新的内涵、层次和水平提出了更高要求，宁波被期望在普惠金融服务实体经济、民生领域和社会等方面先行先试、示范探路，成为全国普惠金融改革创新的"试验田"。总体方案从"提升金融机构普惠服务能力""加快数字普惠金融创新""构建数字普惠金融风险防范体系""加强普惠金融教育和金融权益保护"四个方面制定了 18 条工作任务、4 项保障措施，奠定了宁波市普惠金融改革试验区建设的基础框架。根据宁波市地方金融监督管理局对《宁波市普惠金融改革试验区实施方案》的解读，其重点任务可以概括为"4567"：

(1)"四大目标"

一是融资服务全覆盖，到 2022 年末，民营企业贷款占全部企业贷款的比重 60％以上，普惠小微贷款年均增速 20％以上，实现对有融资需求、符合条件的民营小微企业、创业创新主体、农户、产业工人授信全覆盖；全市直接融资额达到年均 1 500 亿元。二是数字支付全覆盖，民生领域移动支付笔数年均增长 10％。到 2022 年末，实现数字支付在交通、医疗、教育、旅游、商务等领域全覆盖。三是风险防控全覆盖，主要是增强金融机构普惠金融业务风险防控能力，实现风险防控对普惠金融相关机构和业务全覆盖。四是金融知识教育全覆盖，到 2022 年末，金融知识教育对辖内学校覆盖率达 90％以上，对全市所有社区和行政村实现全覆盖。

(2)"五大专项行动"

按照抓重点、可量化、能落实、易考核的原则，合力推进五大专项行动。一是机构体系优化行动。包括设立普惠金融专营机构、普惠金融创新示范基地，发展证券保险机构，推进服务下沉；支持设立投资机构、企业征信机构，创新发展四板股权投资基金、数字普惠金融产业链等金融业态。二是融资渠道拓展行动。推动民营、科创企业通过上市、发债融资，拓宽企业融资渠道；推进宁波股权交易中心建设，实现累计挂牌企业达 3 000 家，发挥区域性股权市场综合性服务功能。三是产品服务提质行动。试点开展"首贷户拓展专项行动"，建立线上和线下首贷、续贷服务模式，力争 3 年新增首贷户 4 万户；常态融资对接需求实现"2 个不低于"，即融资专场活动每年不低于 100 场，对接融资需求不低于 1 000 亿；推进"三限"创优行动和"三张清单"服务机制，实现业务流程优化等。四是重点领域提效行动。针对"246"产业集群发展（民营小微制造企业），主要是推动产业链、供应链、小微园区等金融服务和特色保险产品创新，实现新增信用贷款占比 20％以上，年审制业务规模年均增长 50％，小贷险贷款年投放额达 50 亿元，小微企业贷款综合融资成本明显下降。针对"225"外贸双万亿行动（外贸企业），主要是推进贸易外汇、资本项目收支便利化，推动跨境金融区块链服务平台试点；推动出口信用保险、出口信用保险保单融资等的增量扩面，三年力争实现出口信用保险保障金额达300 亿美元，出口信用保险保单融资达 60 亿元。针对"4566"乡村产业振兴行动（"三农"），主要是推动支农信贷产品和服务增量扩面，实现农村普惠金融授信覆盖率达到100％。开展各类支农保险试点等。针对"3433"服务业倍增行动（服务业企业），主要是加大对服务业重点产业的信贷支持，扩大商业预付卡保险、旅游综合保险试点范围，支持保险公司设立养老社区和服务机构等。针对特殊群体，主要是推进产业工人金融服务站建设和授信模式、信用信贷产品创新；发展扶贫险、养老险等普惠型保险业务。五是城乡支付一体化提升行动，主要是强化移动支付受理环境建设，开展金融科技应用试点，推进新技术在支付领域的应用，推动移动支付渗透到小额消费和民生领域，实现移动支付应用城乡基本覆盖，促进消费升级。

（3）"六大服务平台"

实施数字普惠强基工程，通过打造六大平台，提高普惠金融服务能力。一是打造宁波市普惠金融信息服务平台，构建"普惠金融信用信息数据库＋征信＋金融服务"的信用信息服务模式，面向普惠主体提供增信、征信、融资撮合、审贷放贷全流程金融服务，力争三年通过线上融资对接累计支持超1万家企业获得融资1 000亿元。二是打造宁波金融综合服务平台，构建政金企联动的跨层级、跨地域、跨行业、跨部门、跨业务的宁波数字普惠金融生态圈和开放式金融创新应用体系，提升金融服务水平和地方社会治理能力。三是打造普惠金融（移动）公共服务平台，丰富宁波普惠金融APP，实现移动支付、交通、医疗、公共事业缴费等金融民生服务应用"一点接入"。四是打造数字化硬币自循环管理平台，开发现金服务APP，推动智能便民的现金服务创新。五是打造助农金融服务平台，加快标准化助农金融服务点建设和发展，实现助农金融服务查询和使用的信息化、可视化。六是打造金融知识教育平台，建设"金语满堂"APP和微信公众号，推动金融知识宣传广覆盖。

（4）"七大支柱"

主要是指围绕"四大目标"，重点实施的七大重要举措。具体包括：增强普惠金融供给能级、提升重点领域普惠金融服务质效、实施数字普惠金融强基工程、打造数字普惠金融科技创新生态圈、构建普惠金融风险防控体系、加强普惠金融教育宣传和金融消费权益保护、建立支持普惠金融创新发展的政策配套。这七项具体措施，着眼于政府有为的角度，按照相关部门的职能分工，作为推进普惠金融改革发展的抓手举措，为下步的推进落实提供支撑。

7.2.1.2 重点工作

宁波经济发展水平高，发展速度稳中有进，新经济发展态势良好，为高水平建设普惠金融改革试验区提供了良好基础。紧紧围绕普惠金融改革试验区总体方案，宁波从完善顶层设计、优化实施路径、推动项目落地等三方面扎实推进普惠金融改革各项工作，具体包括：

（1）完善顶层设计，完善优化路径

按照普惠金融改革试验区批复的总体方案，宁波制定并出台了《宁波市普惠金融改革试验区建设实施方案》，明确了宁波市普惠金融改革试验区建设实施框架。同时，宁波还建立了由宁波市政府主要领导为召集人、市级相关部门为成员的联席会议制度，并设立联席会议办公室和工作推进办公室，加强督导考核，明确了市级部门和各区县（市）具体目标任务，并将试验区建设纳入区县（市）和有关部门的考核体系。

（2）以专项活动为抓手，多平台共同发力

联动开展"万员助万企""百地千名行长助企业复工复产""百行进万企"等专项行动，推出"你复工、我送贷"融资、云上融资等对接活动，升级宁波普惠金融信用信息平台，全面构建"信用信息数据库＋普惠征信＋综合金融服务"的一体两翼信用信息服务新模式。

（3）扩大政策扶持，完善政府配套

针对新冠肺炎疫情，宁波快速出台系列专项支持政策，从资金支持、减费让利、创新服务等方面提出具有地方特色的措施，并健全融资担保体系，完善1套融资担保组织领导机制和考核办法，制定关于银担合作、资金扶持、代偿基金的3个办法和政府性融资担保5个指引，形成完整的"1＋3＋5"政策体系。

（4）实现金融与社会化服务对接的可持续性

人民银行宁波市中心支行积极发挥协调作用，借助市场化手段，构建了银行间"成本共担、资源共享"的机制，并通过宁波市金融IC卡多应用平台的建设，在国内率先采用基于辅助安全域的多应用动态加载技术，盘活了市场存量金融IC卡，彻底打开了多应用联网共享的局面。

（5）充分发挥移动金融与普惠金融高契合度的优势

随着金融IC卡的广泛应用、移动通信网络的蓬勃发展和智能终端的不断普及，在手机信贷以外，以移动支付为基础的移动金融逐渐进入了视野。移动金融依托移动互联网和手机终端，以较小成本拓展金融服务和金融网点，提高了金融服务覆盖面和渗透率，可有效弥补边远和农村地区金融服务网点不足的缺陷。通过筹建移动金融公共服务平台，宁波完成了与人民银行国家级移动金融安全可信公共服务平台的对接，在全国率先实现了人民银行总行平台与地方平台的互联互通。

7.2.1.3 主要措施

2020年8月，宁波市人民政府印发了《宁波市普惠金融改革试验区建设实施方案》，主要措施有：第一，增强普惠金融供给能级。包括完善多层次普惠金融机构体系：发展银行普惠金融专营机构、证券、保险机构，规范各类金融业态；拓展多元化普惠金融融资渠道：推动企业上市融资，强化区域性股权市场综合服务，支持企业发债融资；丰富多样化普惠金融产品和服务：加强新型融资产品推广，开展首贷户拓展方式创新，推进企业融资对接，深化金融服务"最多跑一次"改革，优化授信管理机制。第二，提升重点领域普惠金融服务质效。包括提升民营小微企业服务：实施企业差异化服务，推进融资服务创新，推广保险创新项目；加强外向型经济服务：强化外贸金融、涉外保险以及外商投资企业金融服务；完善支农惠农服务：加大支农信贷产品与模式创新，创新农村保险服务；强化和发展服务业重点产业金融服务：引导金融机构为综合物流园区、旅游、健康养老项目建设等提供信贷支持，为商贸、物流、餐饮等服务业企业提供综合金融服务，发展服务业领域保险业务和航运金融；优化特殊群体金融服务：加大特殊群体信贷服务创新，开发特殊群体普惠保险。第三，实施数字普惠金融强基工程。包括加快建设普惠金融信用体系：升级宁波市普惠金融信用信息服务平台，建设宁波金融综合服务平台，完善信用信息共享和激励机制，加强普惠金融信用信息安全管理，发展征信服务；完善智能便民的金融基础设施：丰富普惠金融（移动）公共服务平台，完善助农金融服务平台功能，推动智能便民的现金服务创新。第四，打造数字普惠金融科技创新生态圈。包括拓展数字化金融服务场景：推进移动支付受理环境和应用领域建设，推动生物识别技术在支付领域应用，推进金融科技应用试点；强化数字技术安全保障：强化自主可控技术应用，加强数字普惠金融标准化建设。第五，构建普惠金融风险防控体系。包括完善普惠金融风险防控机制：加强普惠金融业务风险管理，加强金融监管协作；推进监管科技应用：探索地方金融监管科技先行区建设，推动金融科技创新监管。第六，加强普惠金融教育和宣传。包括建设金融知识教育平台，推进国民金融素质教育提升工程，推进金融知识普及工程。第七，健全金融消费权益保护机制。包括建立健全金融消费权益保护协调联动机制，建立产品分类与消费者分类的自律机制，完善金融纠纷非诉解决机制。第八，加大支持普惠金融创新发展力度。包括建立政策支撑体系：完善财政支持，健全金融政策引导和监管差异化机制，向上争取政策支持；完善政府配套措施：健全政策性融资担保体系，完善风险补偿和专项支持机制。

7.2.2 主要成效

7.2.2.1 经济发展有效支撑普惠金融

2016 年起，宁波经济总量保持稳定增长，占全省比重稳步上升（图 7-7）。2018 年，宁波首次跻身万亿 GDP 城市行列，仅用全国 0.1％的陆域面积创造了全国 1.19％的 GDP。2019 年全市实现地区生产总值 11 985.1 亿元，同比增长 6.8％，增速高于全国 0.7 个百分点。

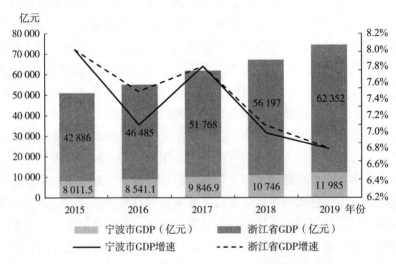

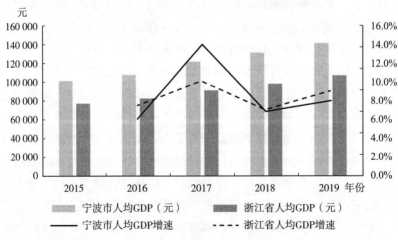

图 7-7 2015—2019 年宁波市经济指数及其增速对比

数据来源：2015—2019 年《宁波统计年鉴》。

分产业看,宁波二三产业在整体经济结构中占据重要位置。由于坚守实业、深耕制造业的传统,2015 年至 2019 年间工业一直为宁波市支柱产业,对 GDP 增长贡献率较高。从 2017 年起,服务业占比逐渐提升,2019 年首次超过工业占比(图 7-8)。2019 年,第一产业实现增加值 322.3 亿元,增长 2.3%;第二产业实现增加值 5 782.9 亿元,增长 6.2%;第三产业实现增加值 5 879.9 亿元,增长 7.6%。三次产业之比为 2.7:48.2:49.1,一二三产业对 GDP 增长的贡献率分别为 1.0%、44.8% 和 54.2%。

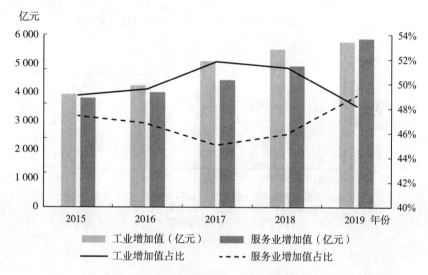

图 7-8 2015—2019 年宁波市二三产业增加值及其占 GDP 比重

数据来源:2015—2019 年《宁波统计年鉴》。

同时,2015—2019 年,虽然宁波金融机构本外币存贷款环比增速呈现波动趋势,但总体保持稳定增长水平(图 7-9)。2019 年,本外币存款余额 20 857.8 亿元,同比增长 8.9%;本外币贷款余额 22 187.2 亿元,同比增长 11.3%。

7.2.2.2 金融发展支撑普惠金融

宁波拥有比较健全的金融结构,当前的金融服务已经形成了以商业性银行和政策性银行为主,民间金融机构和非银行金融机构为辅的结构。经过多年的改革和发展,至 2019 年末全市银行业金融机构达 65 家,其中政策性银行 3 家,大型银行 6 家(含邮储银行),股份制商业银行 12 家,城市商业银行 13 家,外资银行 5 家,农村合作金融机构 9 家,新型农村金融机构 13 家,非银行金融机构 4 家(图 7-10)。

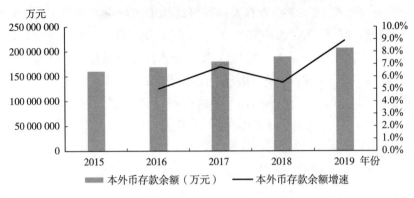

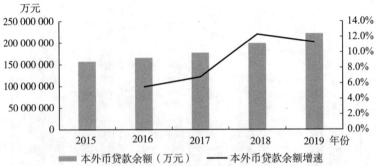

图 7-9 2015—2019 年宁波市本外币存贷款余额及增速

数据来源：2015—2019 年《宁波统计年鉴》。

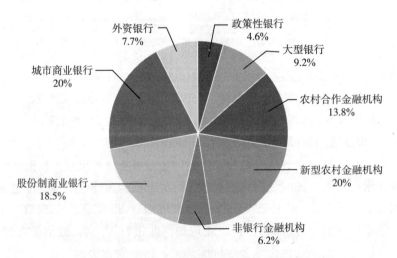

图 7-10 2019 年宁波市金融服务机构组成

数据来源：2019 年《宁波统计年鉴》。

2013 年 9 月，宁波市金融 IC 卡多应用平台作为国家电子商务示范城市电子商务试点项目顺利建成，并在国内首家投入运行。作为初步成果，目前医疗应用已在平台上线，持卡人动态加载后可到市内多家医院享受自助挂号、配药、检查、结算等全流程一卡就诊服务，轨道交通应用也将通过这一平台进行共享。这种"市场＋平台"的模式在解决各参与方利益分配问题的同时，做大了行业应用"蛋糕"，得到了金融机构、行业应用单位及主管部门的高度认同，成为金融服务民生的重要方式。

在移动金融受理环境建设方面，通过几年来的改造，目前宁波辖区 6 万多台 POS 机均能受理带闪付功能的金融 IC 卡以及手机终端，公交等交通领域的市民卡应用也已列入移动金融应用时间表。移动互联网给包括金融服务、生活服务在内的服务业下沉提供了巨大的变革可能性，一旦传统金融服务实现O2O（线上线下融合）模式，无疑将填补普惠金融体系的一个巨大空白。2014年，宁波市中心支行积极指导辖内 5 家商业银行开发基于金融安全芯片的移动金融应用，目前已成功实现电影票、医疗、市民卡和电子现金等的应用上线。现在手机通过"空中加载"，就可在宁波试点区域拿手机轻松看电影、求医、坐公交、买东西，真正做到了安全、便捷二合一，而这些，都将成为未来移动金融服务发展的基础模式。

截至 2020 年 6 月，宁波普惠金融信用信息平台已采集入库 17 个政府部门和公共事业单位、63 家金融机构的 9 亿多条信息，覆盖各类市场主体 240 余万个。此外，宁波市还分步推进金融综合服务应用、"互联网＋政务服务""互联网＋监管"等功能开发和运用，目前已有天罗地网监测平台、"万员助万企"金融服务平台和云上产融对接等子平台。云上产融对接平台整合需求发布、供需匹配、线上对接等功能，已促成意向融资 543 亿元，促成保险资金协议规模近百亿元。深化"跨境金融区块链服务平台"试点，有效运用区块链和大数据技术，为银行办理企业贸易融资业务提供在线报关单核验服务。

7.2.2.3　服务中小企业

宁波市中小企业数量众多、地位突出，企业间竞争激烈、资金不足，是宁波区域经济发展的显著特征之一，也是改革试验区建设中面临的重要现实问题。深耕普惠金融、助力"小微"融资，为宁波的经济发展注入了新的活力。2019 年，该市小微企业金融产品的创新成果层出不穷、普惠金融平台建设不断增强。各类小微金融创新产品达 200 余个，受益企业近 19 万家。

试验区成立后，2020 年宁波持续创新与提高小微企业的普惠金融服务。

第一，率先启动"首贷户拓展专项行动"，采取"小前台＋大后台""线下窗口＋线上平台"模式，为撮合借贷双方达成融资协议提供便利和支持。第二，首创"微担通"业务，实现"财政＋银行＋担保"三方联动。截至 2020 年 6 月末，宁波累计为 6 167 户小微企业和农户提供担保贷款 76.4 亿元。第三，依托普惠金融信用信息服务平台开展线上融资对接活动。通过该平台，3 200 多户企业获得融资，截至 2020 年 7 月末贷款余额 885 亿元。第四，"普惠"的同时，亦实现了"减负"。2020 年上半年，宁波市小微企业贷款余额超过 6 000 亿元，占境内企业贷款增量的 38.4％；普惠小微贷款余额达 2 278 亿元，同比增长 32.7％。此外，新发放企业贷款加权平均利率为 4.74％，同比下降 0.45 个百分点。小微企业贷款平均利率为 5.12％，同比下降 0.48 个百分点。[①]

7.2.3 存在问题

宁波市普惠金融改革试验区建设成效初显，但在探索宁波特色的普惠金融路径时发现仍存在以下问题：

7.2.3.1 普惠金融服务成本高、效率低、风控难

宁波普惠金融服务对象大多是"中小微弱"，单个客户服务成本高，单笔服务金额小，既缺信用、缺信息，也缺乏有效抵押物，服务成本高、效率低、风控难。如何使用互联网、大数据、云计算、人工智能等数字技术充分发挥普惠金融的"草根效应"和"长尾效应"，成为宁波市下一阶段需要思考的重点。

7.2.3.2 信息传导机制有待健全

综合金融服务平台的建设和发展是一项系统性工程，平台建设涉及部门众多，协调实现信息采集与共享，离不开政府部门、金融机构和社会相关部门协同发力。

7.3 江西省赣州市普惠金融改革试验区

7.3.1 重点任务和主要措施

赣州市位于江西省南部，地处赣江上游，处于东南沿海地区向中部内地延伸的过渡地带，是内地通向东南沿海的重要通道。占地 3.94 万平方公里，包

---

① 宁波释放普惠金融巨大红利，中国发展网，2020 - 08 - 16。

括 3 个市辖区、13 个县、2 个县级市、2 个功能区。根据第七次人口普查数据，截至 2020 年 11 月 1 日零时，常住人口为 897 万人。赣州市是中国革命老区，也是原中央苏区的核心区。在赣州市开展普惠金融改革试验有助于推动革命老区脱贫攻坚和振兴发展，有利于形成错位发展、各具特色的区域金融改革格局，为全国普惠金融发展进一步积累可复制可推广的经验。2020 年 9 月，经国务院同意，央行联合发展改革委、工业和信息化部、财政部、农业农村部、银保监会和证监会等部门向江西省人民政府印发《江西省赣州市、吉安市普惠金融改革试验区总体方案》（以下简称《方案》）。《方案》涉及健全多层次多元化普惠金融、发展数字金融、乡村振兴等方面。

7.3.1.1 服务能力的创新与加强

为提升金融机构专业服务能力，赣州市推出深化落实大型银行普惠金融"五专"经营机制，发挥当地"三农"金融事业部和普惠金融事业部专业化经营优势，并提高服务"三农"和小微企业的能力和水平。赣州市鼓励各类金融机构在试验区增设或改建社区支行（网点）或小微支行（网点），并分类研究制定支持金融服务进社区、乡镇和园区的具体措施，因地制宜建设普惠金融服务站，推动行政村实现更多基础金融服务全覆盖。各县（市、区）要为金融机构下沉服务提供场所等基础支撑，在加强金融服务站点服务质量核实和考核基础上，允许财力许可的地区对通过验收的站点给予一定金额的建站经费补贴。支持符合条件的民间资本发起或参与设立村镇银行，下沉经营服务重心。鼓励银行业金融机构按照市场化原则加大对小微企业支持力度，优化小微企业信贷审批流程，加强培训和专业团队建设，落实薪酬激励和尽职免责，增加有效金融供给。

在风险可控前提下，鼓励应用大数据等数字技术，加强对金融机构企业客户收支流水等数据的整合与分析，缓解银企间信息不对称。支持金融机构运用现代先进技术，改进信贷流程和信用评价模型，提高贷款发放效率和服务便利度，鼓励发展小微企业在线开户业务，为小微企业信贷产品增加在线申请、提款、还款、循环用款等功能。引导发展电子支付服务，积极推动移动支付在公共交通、旅游景区、医疗、缴税、公共事业缴费等便民领域重点场景的广泛运用。推广江西省小微客户融资服务平台运用，完善平台内容和功能，整合资源，提高效率。推动江西省一站式金融综合服务平台向赣州市、吉安市延伸，为企业、金融机构、政府提供融资对接、大数据分析、地方金融管理等服务。结合扶贫政策到户到人的基础信息资料，甄别贫困户的有效金融需求，支持对有贷款意愿、有就业创业潜质、有技能素质和一定还款能力的建档立卡贫困户开展评级授信和信贷投放工作。鼓励金融机构支持扶贫龙头企业和其他新型农业经营主体，创新扶贫信贷产品，完善各种扶贫模式，强化利益联结和减贫带贫机制，引导其通过订单收购、吸纳就业、受益帮扶等形式带动贫困户脱贫致富。发展适合低收入人群、残疾人等特殊困难群体的小额人身保险及相关产品。有针对性地制定脱贫后普惠金融服务措施。

7.3.1.2　政府规划及治理

加强金融机构公司治理和内控机制建设，以持续改进风险管理水平和增强普惠金融服务能力为目标，推动地方中小银行和全国性金融机构分支机构等健全适应自身特点的公司治理结构和风险内控体系。推动党的领导与公司治理深度融合，完善普惠金融业务考核评价机制，深化落实授信尽职免责制度。支持地方中小银行将补充资本与改进公司治理、完善内部管理相结合严格约束控股股东行为，规范股权管理，明确股东资质，压实股东责任。健全落实"三会一层"履职监管评估制度，促其提升履职规范性和有效性，强化风险合规意识、树牢合规经营理念。并在依法达规前提下，拓宽小额贷款公司融资渠道，推动融资租赁、商业保理和典当等业态规范发展。有条件的地方可建立融资担保机构资本金补充机制，支持各县（市、区）政府性担保机构增资扩股，鼓励与江西省融资担保集团有限责任公司、江西省农业信贷担保有限责任公司合作，做大小微企业和"三农"融资担保规模。

另一方面，加强对乡村振兴金融支持，依法合规加大对农村人居环境整治、乡村基础设施和公共服务设施的金融支持力度，鼓励规范运作的政府和社会资本合作（PPP）项目融资。针对家庭工场、手工作坊、乡村车间，灵活确定还款期限与还款方式，量身定制更多金融产品。加大对创业担保贷款、生源地助学贷款等支持力度，积极探索拓展农业农村抵（质）押物范围。鼓励有条件的地方研究探索加大对农业保险保费补贴力度，积极推进水稻大灾保险，开发应用价格指数、天气指数及产量指数保险产品，大力发展蔬菜、蜜柚、脐橙、油茶等特色农业保险和农产品质量安全保险。同时，加大公共信用信息平台信息归集、共享、公开和开发利用力度。加快推动小额贷款公司村镇银行、融资担保公司等机构接入征信系统。推进农村地区各类经济主体信用档案建设，健全信用信息征集、评价与应用机制，加大对恶意逃废债和骗贷骗补等违法违规行为打击力度。

7.3.1.3　金融支持政策的创新

通过调动县（市、区）政府和企业积极性，帮助企业解决历史遗留问题，降低企业上市成本来提高直接融资比例。用好贫困县企业上市绿色通道，发挥证券机构与国家级贫困县结对优势，支持符合条件的企业上市或在"新三板"市场、区域性股权市场挂牌融资。鼓励社会资本按照市场化方式设立股权投资基金，吸引各类社会资本参与拟上市企业股份制改造，打造上市挂牌后备企业资源库。同时支持赣州银行引进符合条件的战略投资者，筹备挂牌上市工作。加强直接融资工具应用的培育和辅导，支持符合条件的涉农企业、小微企业、绿色企业等发行债券。鼓励探索股、债、贷相结合的融资产品与服务，为重点项目、企业初创或创新活动提供支持。支持优势项目入选"险资入赣"项目库。

银行业金融机构与税务、科技、工业和信息化、园区管委会等部门合作，开发推广相关政银合作信贷产品。开展本地区"信易贷"工作，鼓励金融机构对接全国中小企业融资综合信用服务平台，推动银企信息对接和产融合作，加大对重点项目的金融产品创新。加大续贷政策落实力度，加强续贷产品开发和推广，简化续贷办理流程，支持正常经营的小微企业实现融资周转"无缝对接"。制定小微企业应收账款融资专项方案，合理扩大应收账款质押融资业务规模。支持应用物联网等新兴技术，改进信贷风险控制方式，探索开展存货等质押融资业务。同时稳步拓宽涉农企业、小微企业担保品范围，充分发挥公共资源交易平台作用，建立农村承包土地的经营权、林权、林业经营收益权以及公益林和天然商品林补偿收益权等登记、评估、交易、收储、处置等一揽子机制，有效增强其权能，完善市场基础制度。

7.3.1.4　完善监管体系

完善风险防控处置机制，关注新型金融业态风险、交叉性金融风险等风险隐患。加强风险警示、风险提示等工作，增强大学生、农户、小微企业主等风险意识和识别违法违规金融活动的能力。常态化开展防范非法集资宣传、风险排查，加大监测预警和打击处置力度。规范稳妥发展民间融资登记服务中心，发挥其有益补充作用。同时在业务准入审批、机构设立和网点规划等方面给予试验区支持。落实扶贫、"三农"、小微企业贷款不良率容忍度要求，对贷款不良率在监管部门规定容忍度范围内的，不作为银行内部考核扣分因素。改进政府性融资担保和再担保公司考核机制，引入担保机构外部信用评级制度，降低盈利要求，提高担保代偿容忍度，落实业务人员尽职免责规定。

加强金融消费者权益保护和金融知识普及教育，加强金融消费者权益保护监督检查，及时查处侵害金融消费者合法权益行为。畅通金融管理部门的金融消费争议受理与解决渠道。开展农村金融教育"金惠工程"建设。推进红色基因传承，提高金融工作者红色金融素养。发挥红色金融资源优势，加强领导干部金融知识培训。建立试验区金融人才库，为试点工作提供专业指导和决策咨询。

7.3.2 主要成效

截至 2021 年 1 月份，赣州建设普惠金融改革试验区已初显成效（图 7 - 11）。重点工作得到了全面的推进，主要任务得到了较大程度的实现。

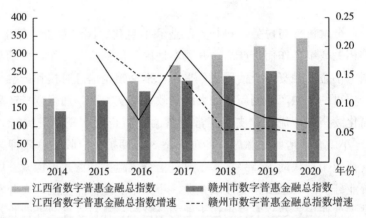

图 7 - 11 2014—2020 年江西省及赣州市数字普惠金融总指数
资料来源：北京大学数字普惠金融指数（PKU - DFIIC）2011—2020 年。

7.3.2.1 健全了普惠金融组织体系

2021 年初赣州市已实现城商行、农商行、村镇银行、证券营业部、还贷周转金公司、政府性融资担保机构等金融机构县域全覆盖。邮储银行、农商行、城商行、村镇银行实现乡镇全覆盖。政府积极引导金融机构设立社区支行、小微支行、科技支行等普惠金融专营机构，为城市区域提供特色化、差异化的金融服务。截至 2021 年初，全市已设立 25 家社区支行、7 家小微支行、1 家科技支行。[①]

7.3.2.2 完善了金融基础设施

农村金融基础设施日趋完善。截至 2020 年底，全市布放助农取款点 3 944 个，行政村的覆盖率达到 91.00%，建成"农村普惠金融服务站"1 123 个，贫困村站点覆盖率达到 96.48%，建立农村普惠金融服务示范站 35 个。此外，推动移动支付便民工程示范城市建设。截至 2020 年底，全市已完成县（市、区）全域开通移动支付公交，布放聚合码的助农取款点 2 600 余个，农户移动支付支持率达到 78%，全市 28 万户特约商户实现银联移动支付，商户移动支付支持率达到 96%。[①]

7.3.2.3 建设了普惠金融服务专门机构

在南康区、崇义县等地开展"普惠金融服务中心"建设试点，依托政府政务中心打造集政策宣传、信息集成、业务咨询、信贷融资、保险服务、担保增信为一体的一站式金融服务平台。普惠金融中心纳入包括银行、证券、保险、投资、融资租赁、商业保理在内的 30 余家金融机构。截至 2020 年 12 月末，普惠金融中心接受业务咨询 1 573 人次，受理贷款户数 517 户，发放贷款金额 5.17 亿元，发放贷款户数 393 户，需求满足率达到 76%，运行渐显成效。[②]

7.3.2.4 搭建了"线上＋线下"融资服务便捷

引导小微企业、个体工商户在"江西省小微客户融资服务平台"注册，截至 2020 年底注册数达 55.89 万户，注册率达 94.5%，居全省第一，线上申请贷款企业 3.02 万户，获得贷款授信企业 2.19 万户，申贷满足率达 61.68%。注册户数、户计满足率均居全省第一。搭建多形式政银企融资合作桥梁。多次召开省级金融机构支持赣州市经济发展产融对接会，截至 2020 年底共计签约 90 个项目，总金额 319.65 亿元。各县（市、区）召开政银企对接会 41 场次，对接企业 1 228 家，成功对接融资需求 120.928 亿元。截至 2020 年 11 月末，小微企业贷款余额 1 325.04 亿元，占全市企业贷款比重 59.41%，同比增长 16.79%。涉农贷款余额 2 313.79 亿元，占各项贷款比重 34.07%，同比增长 10.73%。[③]

7.3.2.5 设立了政府增信"三大基金"

为降低金融机构风险，缓解农户和小微企业融资难题，赣州市先后设立了"三大基金"。一是风险缓释基金。该基金由政府筹资设立，开发了"产业扶贫信贷通""农业产业振兴信贷通""小微信贷通""创业信贷通"等产品，支持和服务"三农"、脱贫攻坚、小微企业发展。二是国家融资担保基金。初步形

---

①②③　资料来源：中国人民银行赣州市分行。

成国家、省、市、县四级联动的政府性融资担保体系，2020 年底在保余额 146.34 亿元，为 1 411 户企业提供担保，平均担保费率仅为 0.89％，减费 5 638万元，融资性担保放大倍数 3.56 倍。三是倒贷基金。截至 2020 年底，由政府出资设立 20 支倒贷基金，资金总规模 14.2 亿元，帮助企业和各类市场主体提供还贷周转金，累计向 6 583 户企业提供还贷周转金 358 亿元。[①]

7.3.2.6　建立了金融服务四项制度

建立和完善了"银行抽贷定期报告制度""问题企业贷款协调处置制度""地方政府还贷周转金机制""金融案件快审"等四项制度；建立金融审判庭，并取得初步成效，至 2020 年底，共审理案件 297 件，结案 255 件，其中调解结案 39 件，保护金融债权 6 亿余元。案件审理从立案到判决时间缩短至 30 天左右[②]，处置效率大幅提升，全市金融生态环境得到极大改善。

7.3.3　存在问题

7.3.3.1　数据割裂

大数据、区块链等科技在金融领域的应用，已经成为普惠金融发展的重要推动力量。目前，江西省金融机构在线产品与服务快速发展，省小微客户融资服务平台和一站式金融综合服务平台等金融科技基础设施不断完善，政银数据信息合作与移动支付的推广应用，不断提升着普惠金融的覆盖面和精准度。与此同时，金融机构作为普惠金融服务的主力军，拥有丰富的客户群体和交易数据，但这些数据的应用挖掘处于割裂状态。对此，人民银行南昌中支将探索建设企业收支流水大数据平台，该平台全面采集企业分散在各家银行的收入和支出流水数据，设计开发企业收支流水专项报告和小微企业信用评分模型，全面分析企业生产经营状况，作为银行风险识别、授信审批和风险管理的重要参考依据，解决中小微企业特别是首次申请贷款企业信息缺乏的问题。

7.3.3.2　融资产品和机制创新相对缺失

在融资产品方面，缺失"银税互动"等信贷产品；在融资机制方面，缺乏拓宽抵押担保品范围的可行机制和路径，对企业应收账款和存货、涉农经济主体的农地经营权、林业经营收益权等的抵押担保权能尚存进一步挖掘的空间。

---

① 资料来源：中国人民银行瑞金市支行。
② 资料来源：中国人民银行赣州市分行。

7.4 江西省吉安市普惠金融改革试验区

7.4.1 重点任务和主要措施

江西省吉安市是我国革命圣地，也是举世闻名的中国革命摇篮井冈山的所在地，仅记录在册的革命烈士就有 5 万余人，从吉安走出的共和国将军更是多达 147 名，在革命斗争中为中国做出了巨大的贡献。[①] 同时，凭借优美的地理环境，吉安市成为"红、绿、古"三色辉映的旅游胜地，井冈山更是被誉为"天下第一山"，属首批国家级风景名胜区。吉安市获批普惠金融改革试验区是吉安市获得的另一块全国性招牌，2020 年 9 月，经国务院同意，央行联合发展改革委、工业和信息化部、财政部、农业农村部、银保监会和证监会等部门向江西省人民政府印发《江西省赣州市、吉安市普惠金融改革试验区总体方案》（以下简称《方案》）。根据《方案》可知其重点任务和主要措施。

7.4.1.1 服务能力的创新与加强

推动国有大型银行全面落实普惠金融"五专"经营机制。支持城商银行加快推进县域布局。坚持农商银行、村镇银行服务"三农"和小微企业发展定位，鼓励各银行机构增设或改建社区支行或小微支行。加快农村普惠金融服务站标准化建设，建立农村金融助理派驻制。推进乡镇、村级保险服务网点建设。稳步开展普惠金融服务中心创建，并积极引进银行、保险、证券等金融机构，推动中信银行、民生银行等全国性股份制商业银行落地。支持九江银行在吉安市设立投资管理型村镇银行。探索发展直销银行新模式。协调加快江西省普丰农业保险股份有限公司筹建。鼓励发展融资租赁、商业保理、财富管理等新型金融机构，规范发展小额贷款公司、典当行业。支持井冈山井财基金小镇稳步发展。积极推进庐陵新区金融集聚区建设。

另一方面，支持当地担保公司增资扩股，提高信用评级，建立和完善市县两级政府性融资担保机构资本金补充机制，完善风险分担机制。加强与江西省融资担保集团、江西省农业信贷担保公司合作。优化营商环境，督促金融机构、中介机构提高收费信息透明度。鼓励金融机构推广运用无还本续贷、年审制贷款、循环贷款，加大普惠金融贷款内部资金转移价格优惠力度，降低利润指标考核权重。

---

① 资料来源：吉安市博物馆。

广泛开展普惠金融基础知识宣传教育，积极推进农村金融教育"金惠工程"建设，实现金融教育在企业、学校、社区、农村宣传全覆盖。发挥井冈山红色金融教育优势，利用井冈山革命金融博物馆资源，加强与江西金融发展研究院合作，开展领导干部、金融工作者金融知识培训，举办普惠金融专题讲座和发展论坛，建立多层次金融人才培育体系。

7.4.1.2 政府规划及治理

完善农商银行、村镇银行等地方法人银行机构公司治理结构和风险内控体系，推动党的领导与公司治理深度融合。鼓励地方法人机构吸引符合条件的国有企业入股，支持地方法人机构引进战略投资者，扩充资本实力，提升金融服务和抗风险能力。围绕吉安市"1461"重点产业和新兴产业，筛选符合条件的优质企业，建立拟上市挂牌后备企业资源库，优先进行培育辅导。积极发展创业投资、股权投资，推动企业改制上市，落实在沪深交易所上市和新三板挂牌的鼓励支持政策。加强与江西股权交易中心合作，为吉安市小微企业挂牌展示、融资融智等提供平台支撑。积极创造条件推动"险资入吉"。

借鉴"两山银行"模式，设立生态资源收储中心，将生态资源进行集中化收储和规模化整治，推动生态资源等农村产权线上交易平台建设，建立"资源—资产—资本—资金"的转化机制，做大做强农村生态产业。并大力发展六大富民产业特色农业保险，开发应用价格指数、天气指数、产量指数等新型农业保险产品，推广"保险＋期货"项目。持续推广防贫保险，扩大农房保险和出口信用保险覆盖面。鼓励发展信贷保证保险业务。大力推广针对低收入人群、残疾人等特殊困难群体和涉农人员小额人身保险及相关产品，鼓励发展城市定制型商业医疗保险项目。

继续开展金融生态示范县（市、区）评选工作，落实信用乡镇、信用村、信用户创评政策优惠，建立完善中小微企业、农户、农村新型经营主体信用档案。优化金融司法环境，加快设立金融审判庭，扩大简易程序适用范围，提高金融案件受理审结和执行效率，加大对恶意逃废债和骗贷骗补等违法违规行为打击力度。

7.4.1.3 金融支持政策的创新

建设"吉惠通"一站式金融综合服务平台，推动涉企、涉农政务大数据、企业用电和收支流水数据等各类数字资源的治理工作，以授权方式向符合资质的金融机构有序开放共享，实现大数据风控、融资信息发布与交易撮合等一站式服务功能。积极对接国家发改委"信易贷"平台、江西省一站式金融综合服务平台及江西省小微客户融资服务平台。推动"区块链＋供应链金融""区块链＋物联网金融"平台建设，开发应收账款融资、仓单质押融资、动产融资等"补链、延链、强链"信贷产品以及基于物联网大数据的线上农业保险和信贷等金融创新产品。支持区块链、物联网典型应用场景试点示范建设，鼓励开发工程项目资金管理、跨境贸易、明厨亮灶工程、宅基地流转交易等创新应用场景。推进移动支付便民服务工程，推动银联云闪付等移动支付应用在城乡各类便民领域重点场景广泛运用，扩大移动支付服务行政村覆盖面。

争取省政府支持，加大新增地方政府债券额度向吉安市倾斜，用于支持乡村振兴领域的项目建设。鼓励政策性银行加大对吉安市农村基础设施建设、农村人居环境整治、六大富民产业等方面的信贷投放。支持吉安市政府平台公司、重点农业产业化龙头公司发行债券募集资金，重点扶持农业产业化发展。

加大支农再贷款政策倾斜，持续加大对带动型扶贫龙头企业和其他新型农业经营主体信贷支持力度，引导各银行机构强化利益联结和减贫带贫长效机制。对有金融需求的农村低收入户持续开展评级授信和信贷投放工作，建立金融服务巩固拓展脱贫攻坚成果同乡村振兴有效衔接的机制。

依托"1461"重点产业和新兴产业，开展"一县一品""一行（司）一品"金融创新。开发特许经营权、碳排放权、订单、农机设备、土地承包经营权、林地经营权、水面养殖权、农产品存货、畜禽活体等抵质押贷款产品。加大对科技型中小微企业金融支持力度，建立完善科技型企业"白名单"，推动知识产权质押、科技履约贷款、创投基金、投贷联动等科技金融产品与服务创新。

7.4.1.4 完善监管体系

为保护金融消费者的权益，吉安市开展消费者权益保护领域乱象整治，对侵害消费者权益行为及时严查重处，并完善风险防范机制，建立快速响应的金融风险监测、预警、防范机制，严格执行重大事项报告制度。加强反洗钱监测，密切关注新型金融业态风险、交叉性金融风险等风险隐患。加大对非法集资风险排查、预警监测和打击处置力度。发挥存款保险早期纠正和风险处置功能。

7.4.2 主要成效

7.4.2.1 企业和居民税费负担降低

减税降费作为深化供给侧结构性改革的重要举措，对减轻企业负担、激发微观主体活力具有重要作用，对稳定市场预期、促进经济增长具有重要意义。具体表现为吉安市推出的"三大减税礼包"。第一，在增值税方面，从 2019 年 1 月 1 日至 2021 年 12 月 31 日，对月销售额 10 万元以下（含本数）的增值税小规模纳税人，免征增值税；第二，对小型微利企业年应纳税所得额不超过 100 万元的部分，减按 25% 计入应纳税所得额，按 20% 的税率缴纳企业所得税；对年应纳税所得额超过 100 万元但不超过 300 万元的部分，减按 50% 计入应纳税所得额，按 20% 的税率缴纳企业所得税；第三，在其他税费方面，从 2019 年 1 月 1 日至 2021 年 12 月 31 日，对吉安市增值税小规模纳税人按 50% 的税额幅度减征资源税、城市维护建设税、房产税、城镇土地使用税、印花税（不含证券交易印花税）、耕地占用税和教育费附加、地方教育附加，已依法享受优惠的可叠加享受。[①]

7.4.2.2 小微企业融资难问题得到缓解

2020 年 8 月，吉安市推进小微企业首贷提升工程。一是建立储备机制。开展"千名行长进万企"对接行动，建立小微企业清单，梳理无贷户，摸排企业融资需求，做好对接服务。截至 2020 年 7 月底，全市金融机构累计培植小微企业 8 320 户，其中 4 087 户首次获得贷款 12.67 亿元。二是强化政策传导。强化定向降准、再贷款再贴现专用额度等政策落实，引导金融机构向小微企业发放优惠利率贷款。截至 2020 年 7 月底，发放小微企业专用额度再贷款金额 5.79 亿元。三是完善授信管理。注重考察小微企业真实经营状况和第一还款来源，加大信用贷款支持力度，优化授权审批管理权限和业务流程，准确判断实质风险。截至 2020 年 7 月底，发放小微企业信用贷款 3.24 亿元。[②]

此外，支持金融机构开展"一县一品""一行（司）一品"普惠金融产品创新，推出"退役军人贷""地押云贷""科贷通""诚商信贷通"等特色产品。2021 年 1—5 月，吉安县、新干县通过"地押云贷"产品向 40 户农业经营主体发放贷款 2 666 万元，安福县累计发放林地承包经营权贷款 1.06 亿元。[③] 鼓励金融机构在试验区内探索建立农村闲置资源收储处置中心，依托专业合作社和专业协会，推动农地林地承包经营权、水面养殖权、古村落经营权等资产有效流转。据北京大学数字普惠金融指数报告统计（图 7-12），2014 年起吉安市数字普惠金融指数呈现持续上升的态势，但是增速持续下降，并在 2017—

---

① 数据来源：吉安市国家税务局。
②③ 数据来源：中国人民银行吉安中心支行。

2020 年期间低于江西省数字普惠金融指数增速。

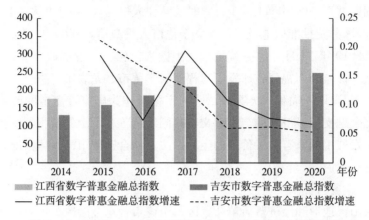

图 7-12　2014—2020 年江西省和吉安市数字普惠金融总指数

资料来源：北京大学数字普惠金融指数（PKU-DFIIC）2011—2020 年。

7.4.3　存在问题

7.4.3.1　普惠金融产品创新能力不足

目前普惠金融机构虽然推出许多普惠金融产品，但是大多数产品设计存在贷款金额、贷款期限、担保方式等方面的问题，同质性强，导致普惠金融产品辐射能力弱。加之普惠金融消费者来源广泛，需求不一，这些产品往往不能满足其需求。而且，大量消费者缺乏对产品的鉴别能力，监管部门对产品的监管不到位，导致普惠金融市场混乱，风险加大。

7.4.3.2　未建立起安全有效的风险防范体系

在风险控制方面存在较大的问题，消费者主要是长尾群体，增大了金融机构的调查难度，导致其风险控制的难度大、调查成本高。

7.5　福建省宁德市普惠金融改革试验区

7.5.1　主要目标和重点任务

福建省宁德市是福建省东部山区市，别称闽东，全市陆地面积 1.35 万平方千米，海域面积 4.46 万平方千米，下辖蕉城区、福安市、福鼎市、古田县、霞浦县、周宁县、寿宁县、屏南县、柘荣县。2020 年 9 县（市、区）辖有 43 个乡（含 9 个民族乡）、69 个镇、14 个街道办事处、196 个居委会、2 137

个村委会，实现地区生产总值 2 619 亿元，同比增长 6.0%。根据第七次人口普查数据，截至 2020 年 11 月 1 日零时，常住人口为 3 146 789 人。1999 年 11 月 14 日经国务院批准撤地设市，成立宁德市人民政府，2000 年 11 月 14 日正式挂牌。2019 年 12 月经国务院批准，中国人民银行、发展改革委、财政部、银保监会、证监会向福建省印发了《福建省宁德市、龙岩市普惠金融改革试验区总体方案》（以下简称《方案》），明确宁德市作为国家普惠金融改革试验区要在普惠金融支持经济文明与生态文明共同发展等若干个领域积累一批全国领先甚至对发展中国家有参考价值的经验做法。结合宁德市的具体情况，《方案》主要包括以下内容：

7.5.1.1　主要目标

作为山区地形和经济落后革命老区，宁德市普惠金融改革试验区坚持服务实体经济、包容性、商业可持续、创新与防范风险并重的原则，在进一步总结推广具有宁德特色普惠金融模式基础上，着眼解决普惠金融重点领域金融服务"最后一公里"，加快形成金融供给和需求结构平衡、金融风险有效防范的良好生态，使闽东老区广大人民群众公平分享金融改革发展成果，为普惠金融发展提供宁德样板。

7.5.1.2　重点任务

宁德市试验区自设立以来，围绕"革命老区、普惠、扶贫、市域"四大主题，按照《方案》总体框架，制定了"构建多元化的普惠金融组织体系""推动数字普惠金融创新发展""强化扶贫攻坚金融服务""推动绿色金融发展""加强金融监管与法治建设""强化工作保障"等六项共 20 条工作任务。

第一，构建多元化的普惠金融组织体系。充分发挥银行业机构作用，深化小微企业金融服务。推动银行业机构将支持普惠金融改革试验区建设纳入经营绩效考核评估指标体系，支持银行业机构在宁德、龙岩设立分支机构。制定"增信扩面降成本"专项行动方案，开展银政担"渠道共享、风险共担"合作机制，规范创新"见贷即保"增信服务，向上争取政策支持。发挥新型金融服务组织补充作用，完善小额贷款公司、融资担保公司、典当行的管理制度，重点支持设立服务小微企业和"三农"的融资租赁公司，鼓励发展村级互助担保组织。

第二，推动数字普惠金融创新发展。推广运用福建省金融服务云平台，对接"信易贷"综合服务平台，支持建设宁德市融资服务与信息共享平台，构建"信用信息数据库＋普惠征信＋综合金融服务"模式。推进现代普惠金融服务体系建设。包括升级改造普惠金融服务点、支持宁德普惠支付服务、切实改善现金服务。

第三，强化扶贫攻坚金融服务。健全金融精准扶贫长效机制，发挥产业带动作用，探索金融与区域特色产业发展相结合的模式。探索具有闽东特色的金融服务乡村振兴模式，包括支持农村基础设施建设、农业产业发展以及农民生产生活。加强金融精准扶贫开发力度，加大贫困地区资源倾斜力度，创新扶贫专属产品和服务，提升保险助推脱贫攻坚能力，推广宁德特色金融精准扶贫模式。

第四，推动绿色金融发展。助推绿色金融快速发展，建立绿色环保循环经济、自然环境改善和自然资源高效利用等绿色投融资项目清单，鼓励企业发行绿色债券，促使银行加大绿色信贷产品创新。

第五，加强金融监管与法治建设。加强风险防控与差异化监管，加大金融风险监测、排查与评估力度，密切关注新型金融业态、交叉性金融、非法金融活动等方面风险，及时报告和妥善处置监测中发现的风险隐患。适度提高涉农、小微企业和民营企业贷款不良容忍度，对贷款不良率在监管部门规定的容忍度范围内的，不作为银行内部考核评价的扣分因素。加强金融法治环境建设，继续深化金融普法工作，加强金融消费者权益保护。

第六，强化工作保障。构建多层次资本市场保障，引导各类证券经营机构在宁德设立分支机构，建立农业龙头企业、县域优质企业上市辅导机制。广泛开展直接融资工具应用的培育辅导，支持符合条件的企业发行企业债、公司债、银行间市场债务融资工具和企业资产证券化产品。加大高质量农业保险保障，进一步优化农村保险服务网点布局，加大对宁德市县域网点的资金、人员和技术投入。打造全方位信用体系保障，完善"普惠金融信用村、信用乡镇、信用县"创建工作机制，开展"海上信用渔区"创建活动。加快推动小额贷款公司、村镇银行、融资担保公司等机构接入征信系统，研究设立宁德市征信服务机构，推进农村地区各类经济主体电子信用档案建设，推动征信自助查询网点建设。

7.5.2　主要成效

宁德市是福建省经济发展相对落后地区，金融发展水平长期落后于福建省水平。宁德市普惠金融改革试验区的建立对宁德市的经济社会发展有较大的促进作用。

7.5.2.1　试验区成立以来整体经济发展向好

自 2019 年 9 月试验区成立以来，宁德市整体经济发展水平较好，多项经济指标高于福建省平均水平，经济运行稳定，期末金融机构本外币贷款余额不断增长（图 7-13）。"六稳""六保"等政策效应逐步显现，人民群众的获得感不断增强。

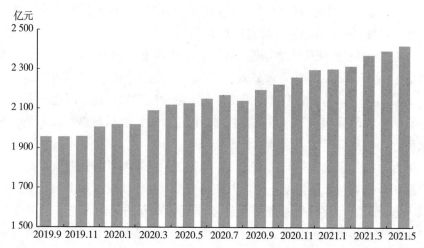

图 7-13 宁德市金融机构本外币贷款余额：期末值（2019.9—2021.5）

资料来源：宁德市人民政府官网。

7.5.2.2 普惠金融扶持农业效果明显

2020 年全市实现农林牧渔业总产值 584.14 亿元，同比增长 3.1%（按可比价计算），增幅位居全省第六。其中农业产值 230.2 亿元，增长 4.1%；林业产值 30.3 亿元，增长 2.6%；牧业产值 45.72 亿元，增长 6.3%；渔业产值 266.17 亿元，增长 1.7%；农林牧渔专业及辅助性活动产值 11.74 亿元，增长 4.2%。实现农林牧渔业增加值 331.99 亿元，同比增长 3.1%。[①]

7.5.2.3 财政实力明显增强

"十三五"时期，一般公共预算总收入和地方一般公共预算收入分别突破 200 亿元和 100 亿元，2020 年达到 233.55 亿元和 137.79 亿元，分别为 2015 年的 1.56 倍和 1.32 倍，年均增长 9.2%和 5.7%，分别高于全省平均水平 5.1 和 1.8 个百分点，其中一般公共预算总收入年均增速高于同期地区生产总值 2.0 个百分点。财政收入质量明显提高。2020 年，税收收入占一般公共预算总收入和地方一般公共预算收入的比重分别达 85.8%和 75.9%，比重分别位居

---

① 数据来源：宁德市统计局官网。

全省各市第二位和第一位，比 2015 年提高 13.8 个和 14.9 个百分点。[①]

7.5.2.4　金融产品在全省推广

宁德市普惠金融改革试验区设立以来，基本形成"一中心五平台"的普惠金融"宁德模式"。宁德市陆续推出了创业就业金融服务中心、抵押物自评估系统、"担保云"线上平台、鱼排养殖贷、信用村、"福海贷"等金融创新举措，在福建省各地进行积极推广。

（1）创业就业金融服务中心

一是落实扶持政策。将具备产业发展条件和有劳动能力的边缘人口纳入扶贫小额信贷支持范围，贷款申请条件、程序及支持政策与建档立卡贫困户一致，实行利率优惠、延期还本付息等政策。二是构建促进机制。建立沟通协调快速审批和创业就业带动机制，探索建立创业担保贷款一站式受理服务模式，对返乡下乡创业人员创业就业贷款作出绿色通道、优先审批、限时办结的服务承诺，并对办理延期还本付息服务的企业，要求提供稳岗承诺书，保证就业岗位稳定。三是推广专属产品。一方面积极宣传推广"农 e 贷""家庭信用贷""万通宝""巧妇贷""青创卡"等多样化的贷款品种，为具备一定创业条件但缺乏创业资金的返乡创业就业人员提供快速、便利、无抵押的金融产品服务，并利用农村小额贷款保证保险等险种，为返乡下乡创业就业人员提供风险保障。四是建立辅导队伍。服务中心依托现有队伍和模式建立辅导队伍，传送各类就业信息，联动创业导师队伍，定期为返乡人员创业就业提供咨询、指导服务，做好创业辅导、提供创业金融服务。五是提供岗位信息。在各创业就业金融服务点摆放创业就业知识宣传资料，提供政策法规咨询服务，提供贷款企业的用工需求，发布银行保险机构的招聘信息等，为返乡下乡创业就业人员提供就业和实习岗位。

（2）抵押物自评估系统

在福建银保监局的指导下，宁德市率先开发抵押物自评估系统，创新抵押物评估模式，依托现代科技手段和大数据库，实现抵押品线上智能估值，并推广房产及林权抵押贷款自评估，针对性地缓解小微企业、"三农"主体"融资贵"和"融资慢"等问题。宁德市通过开发抵押物自评估系统，推广房产及林权抵押贷款自评估，对 500 万元以下县域住宅、商铺、写字楼等房产抵押贷款自评估，30 万元以下林权抵押贷款免评估，改变抵押物评估市场传统的收费

---

① 数据来源：宁德市人民政府官网。

模式，推行抵押资产评估费用客户"零承担"。①

(3)"担保云"线上平台

宁德市通过设立科技公司建设线上运行担保服务系统"担保云"，接入市县两级政府性融资担保公司，经依法授权，允许担保机构调取相关政府部门的共享信息，在结合银行提交的客户生产经营信息的基础上，最快只需1个工作日便完成业务的送审、放款手续。依托"担保云"系统，宁德市在全省率先实现"见贷即保"批量审批，配以"担保费率降至0.80%、10万元以下免收担保费用"等政策，推广"2∶8"比例分险，小微、"三农"业务批量快审，真正实现"流程简单、审批高效"。"担保云"系统的高效运作促使宁德市再担保公司2020年第三季度业绩增长300%，普惠型"见贷即保"业务服务"三农"、小微客户1.6万人次，合计担保11.03亿元，户均6.89万元，真正为小微企业和"三农"主体解决"融资难、融资贵"问题。②

(4) 渔排养殖贷

在人行及各监管部门的指导推动下，宁德市在全省率先出台《海上渔排养殖权抵押备案意见》《渔排养殖贷产品方案》，让渔排等生产要素的确权、登记、抵押、流转等工作"有规可依"，创新推出"渔排养殖贷"产品，有效盘活渔排、"养殖权"等生产要素，破解海上渔区养殖户融资难、资产抵押难问题，推进水产养殖业转型升级。比如宁德工行设计推出"渔排养殖贷"流动资金贷款产品，该产品由政府性融资担保公司提供担保，海洋渔业局负责办理水域滩涂养殖证，渔排设施的抵押备案作为反担保措施，银行机构结合水产养殖面积、银行流水、经营年限等数据，为水产养殖户及企业提供生产经营周转流动资金贷款，未来贷款若出现违约，由海投公司、水产养殖专业合作社或水产龙头企业负责水域滩涂养殖证、渔排设施等的流转处置。

(5) 信用村镇创建

宁德市以创建"国家级普惠金融改革试验区"为契机，由政府主导，开展全辖区"普惠金融信用乡镇、信用村"评选活动，为普惠金融发展构建良好的金融信用生态环境。宁德市人民政府印发《宁德市普惠金融信用乡镇、信用村创建工作方案》，组建市、县级"普惠金融信用乡镇、信用村"创建领导小组

---

① 数据来源：《关于推广福建省国家级普惠金融改革试验区第一批可复制创新成果的通知》，福建省地方金融监督管理局。

② 资料来源：宁德市2021年第一批典型经验之二：宁德市打造"担保云"线上平台，精准解决"信贷难"问题，宁德市人民政府网站。

（以下简称"创建领导小组"），由创建领导小组主导、人行牵头、各方参与，推动创建工作开展。宁德市蕉城区虎贝镇黄家村是福建省第五批历史文化名村，主要从事蒸笼加工、黄酒酿造生产。该村因信用较好，是宁德市第一批普惠金融信用村。该村被评上信用村后，金融机构对该村支持力度更大，至 2020 年末，该村有 206 户农户被评为信用户，全村贷款余额达 1 299 万元，比创建前增长了 37.05%，其中，信用贷款 188 万元，比创建前增长了 58.02%。在金融机构支持下，该村 2020 年蒸笼加工年产值达 2 亿多元，真正实现金融助力乡村振兴。[①]

（6）"福海贷"

为支持福建省蓝色海洋经济发展，助力普惠金融和乡村振兴，宁德农信系统创新推出"福海贷"系列产品，服务辖区内从事海上养殖、海产品加工的养殖户或生产加工的经营者、创业者、合作社和企业等，包含仓单贷、水域滩涂养殖贷、渔排托管贷等，解决海洋经济担保难、贷款难问题。同时在闽东沿海连片整体开展海上信用工程建设，形成"福海贷＋海上信用渔区"特色做法。

（7）普惠金融纠纷调处

2020 年 5 月，宁德市蕉城区成立普惠金融纠纷调处中心，通过建立金融司法协同机制，健全金融纠纷特邀调解员队伍，为普惠金融纠纷当事人提供多途径、高效率、低成本的纠纷解决方式，让纠纷预防在源头，化解在萌芽，解决在诉前。[②]

7.5.2.5 金融普惠助力乡村振兴

2020 年宁德市普惠型小微企业贷款增速 38.02%，居全省首位，贷款利率下降 1.44 个百分点，降幅历年最大，共为企业节约融资成本超过 5.7 亿元。在全省率先推行抵押资产评估费用客户"零承担"，辖内 25 家银行业金融机构实现 500 万元以下县域房产抵押贷款自评估，共节约客户评估费用 2 932.85 万元。实现创业就业金融服务中心县（市、区）全覆盖，2020 年共成立 25 家，发放创业担保贷款 8 986 万元。新设 4 家政府性融资担保机构，实现市、县两级政府性融资担保机构全覆盖。至 2021 年 1 月末，全市政府性融资担保机构在保户数 20 085 户（次），同比增长 13.86 倍；在保金额 28.90 亿元，同比增长 177.88%；放大倍数 2.64，同比增长 146.73%，其中市再担保公司担

---

① 资料来源：宁德市普惠金融政策助推乡村振兴，《闽东日报》，2021－11－09。
② 资料来源：福建省地方金融监督管理局。

保放大倍数 3.62。加大对建档立卡贫困户支持，对已脱贫人口实行"脱贫不脱政策"。至 2021 年 1 月末，全市再贷款余额 27.13 亿元，同比增长 227.45%。其中，扶贫再贷款余额 12.40 亿元，居全省第一。[①]

7.5.2.6　社会经济发展势头良好

自宁德市普惠金融改革试验区建立以来，宁德市社会声誉持续提高。2019 年 11 月 3 日，"中国城市绿色竞争力排名 TOP100"发布，宁德排名第 74。2019 年 11 月 21 日，宁德市入选"2019 中国地级市全面小康指数前 100 名"。2021 年 5 月，入选中国地级市百强品牌城市（第 90 位）。

7.5.3　存在问题

7.5.3.1　数字金融服务水平整体较低

宁德市地处福建省山区，是经济落后的革命老区，长期以来经济发展水平相对落后，数字金融服务水平整体较低，从图 7 - 14 至图 7 - 16 可以看出，与福建省相比，宁德市的数字普惠金融无论是总指数还是覆盖广度、深度都低于福建省水平，而且从 2011 年到 2020 年，两者的差距不断扩大。要进一步提高宁德市数字普惠金融水平需要加大政府的政策力度和资金支持，改善宁德市金融环境。

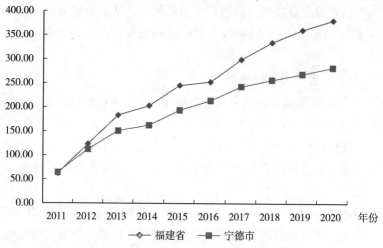

图 7 - 14　2011—2020 福建省与宁德市数字普惠金融总指数

资料来源：北京大学数字普惠金融指数（PKU - DFIIC）2011—2020 年。

---

① 资料来源：福建省地方金融监督管理局。

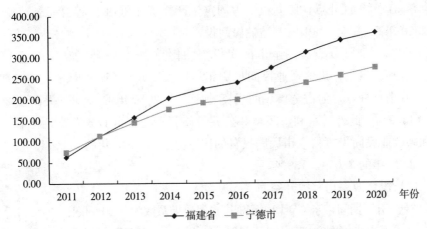

图 7 - 15　2011—2020 年福建省与宁德市数字普惠金融覆盖广度

资料来源：北京大学数字普惠金融指数（PKU - DFIIC）2011—2020 年。

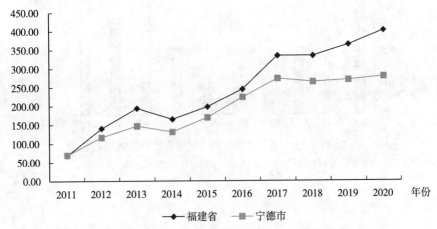

图 7 - 16　2011—2020 年福建省与宁德市数字普惠金融覆盖深度

资料来源：北京大学数字普惠金融指数（PKU - DFIIC）2011—2020 年。

7.5.3.2　经济发展需要匹配更高的金融架构

宁德市金融发展起点较低，普惠金融发展水平落后，地区经济可持续发展需要匹配更高的金融发展水平，以普惠金融发展为依托，构建企业集群的融资，促进供应链融资的结合，从信贷可得性向增加投资收益转变等。

7.5.3.3　投资效果有待提高

（1）民间投资增速明显放缓

"十三五"期间，宁德市民间投资年均增速 4.3%，比"十二五"时期大幅回落 31.9 个百分点，民间投资占固定资产投资比重由 2015 年 58.7％下降至 2020 年 57.8％。其中，制造业民间投资年均增长 31.7％，比"十二五"时期回落 29.2 个百分点，占全市民间投资的比重由 2015 年的 40.6％下降至 2020 年的 37.1％；房地产业民间投资年均增长 1.0％，比"十二五"时期回落 32.8 个百分点，但占全市民间投资的比重由 2015 年的 33.0％提高至 2020 年的 43.9％。此外，水利、环境和公共设施管理业民间投资，交通运输、仓储和邮政业民间投资占全市民间投资的比重分别从 2015 年的 8.2％、6.3％下降至 2020 年的 2.0％、1.9％。[①]

（2）投资效率仍有提升空间

"十三五"期间，宁德年均固定资产投资效果系数为 0.20，仅比"十二五"提高 0.01 个百分点（图 7-17、图 7-18）。一方面"十三五"期间宁德市在环保整

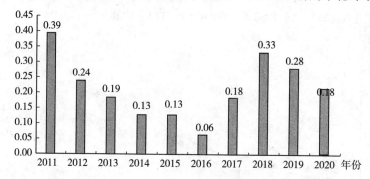

图 7-17 "十二五"以来宁德市固定资产投资效果系数

资料来源：攻坚克难促转型 投资凝聚新动能，宁德市统计局网站（2021-06-25）。

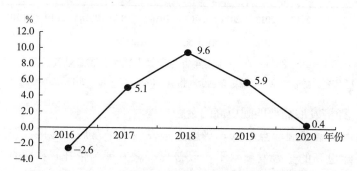

图 7-18 "十三五"时期宁德市固定资产投资增速

资料来源：攻坚克难促转型 投资凝聚新动能，宁德市统计局网站（2021-06-25）。

---

① 资料来源：攻坚克难促转型 投资凝聚新动能，宁德市统计局网站。

治、社会事业等民生福祉的公共投资的力度加大，对投资效率产生了一定影响；另一方面在去产能、调结构的影响下，宁德经济增速较"十二五"总体放缓。此外，锂电新能源、汽车制造等产业在经历了投资高峰期后，新冠肺炎疫情的出现影响了产能的快速释放。[①]

7.6　福建省龙岩市普惠金融改革试验区

龙岩市位于福建省西部，地处闽粤赣三省交界，通称闽西。龙岩是全国著名革命老区、原中央苏区核心区，是红军的故乡、红军长征的重要出发地之一，享有"二十年红旗不倒"赞誉。根据第七次人口普查数据，截至 2020 年 11 月 1 日零时，龙岩市常住人口为 2 723 637 人。2020 年实现地区生产总值 2 870.9 亿元，比上年增长 5.3%。目前龙岩市下辖新罗区、永定区和长汀县、上杭县、武平县、连城县四县，代管漳平市。总面积 19 028 平方千米，占福建省陆地面积的 15.7%。

龙岩市属于经济落后的革命老区，长期以来经济发展相对落后。2019 年 11 月，龙岩市普惠金融改革试验区建立。2019 年 12 月 11 日，经国务院准许，中国人民银行、发展改革委、财政部、银保监会、证监会向福建省下发了《福建省宁德市、龙岩市普惠金融改革试验区总体方案》。为推动龙岩市普惠金融改革试验区发展，探索普惠金融发展的有效路径，2020 年 5 月 11 日福建省出台了《龙岩市普惠金融改革试验区实施方案》，该方案明确了龙岩市普惠金融改革试验区的主要任务、重点工作和保障措施等。

7.6.1　重点任务

7.6.1.1　充分发挥银行业金融机构作用

（1）将支持普惠金融改革试验区建设纳入考核

推动开发性、政策性银行加大对龙岩县域经济发展、产业发展、基础设施建设、乡村振兴、全域旅游等支持力度，积极向其总行申请增加抵押补充贷款资金。推动大型商业银行落实"五专"经营机制，在试验区县域以上机构设立普惠金融事业部。支持银行业金融机构在龙岩市设立更多分支机构，加大金融资源向县域支行倾斜配置力度，确保县域贷款增速持续高于全行平均水平。支

[①]　攻坚克难促转型　投资凝聚新动能，宁德市统计局网站，2021 - 06 - 25。

持地方法人金融机构充分发挥普惠金融主力军作用。探索建设龙岩普惠型银行。

（2）有效运用多层次资本市场

支持推进龙岩"县域优质企业上市辅导计划"，加强农业龙头企业、县域优质企业培育辅导，推动更多企业改制上市，引导符合条件的中小微企业到"新三板"、海峡股权交易中心展示挂牌。鼓励涉农、中小微、绿色企业或有关项目运用企业债、公司债、短期融资券、中期票据、中小企业私募债等非金融企业债务融资工具。引导政府投资基金、天使投资基金、风险投资基金和私募股权投资基金集聚发展，更多投向优质中小微企业。

（3）强化保险保障功能

巩固提升"三农"综合保险，加大政策和资金支持力度，推动财政补助资金结构调整，完善农业保险保费补贴政策。创新惠农富农保险产品，加快推进农产品食品质量安全责任保险、农产品指数保险和种、养、林产业保险等特色农业保险，推进农村家庭财产保险、农村小额人身保险等涉农保险项目。深化政银保合作，探索"一产业、一信贷、一保险"模式。扩大信用保证保险覆盖面，对已投保的小微企业在贷款利率和期限、保险费率等方面给予适当优惠。完善农业保险大灾风险分散机制。探索实施防止返贫保险项目，推广贫困户小额家庭财产险、小额意外保险、光伏设备财产综合险等。

（4）发挥地方新型金融服务组织作用

第一，发挥政府性融资担保作用。推动政府性融资担保机构逐步实现小微企业平均担保费率不超过 1% 目标。[①] 探索免抵押、免担保的纯信用融资担保产品。支持建立银行业机构风险分担比例不低于 20% 的政银担风险分担合作机制。支持龙岩以市级政府性融资担保机构为主体，整合全市政府性融资担保机构，组建融资担保集团。探索设立信保基金，支持省级政府性农业融资担保机构在龙岩设立分支机构，或参股设立龙岩市级农业融资担保机构。省级在下达农户生产性贷款担保机构风险补偿资金时，对龙岩予以倾斜支持。第二，加强地方金融服务组织管理。健全和完善地方金融组织各项管理制度，引导小额贷款公司、融资担保公司、融资租赁公司、商业保理公司等地方金融组织，回归业务本源，拓宽小微企业和"三农"主体融资渠道。建立以促进支农支小为目标的、与经营者年薪挂钩的政府性产业基金、融资租赁公司、融资担保公司等

---

① 资料来源：龙岩市政府性融资担保基金管理办法（试行），龙岩市人民政府网站。

年度考核指标体系，进一步完善投融保一体化联动服务企业融资的工作推进机制。

7.6.1.2　提升民营小微企业金融服务

(1) 完善民营小微企业金融服务机制

支持龙岩市申报"财政支持深化民营和小微企业金融服务综合改革试点城市"。银行业机构要完善小微企业专项信贷计划，实现贷户数与贷款金额双提升。支持驻龙岩金融机构发行或参与其总行发行的小微企业贷款资产支持证券，有效盘活信贷存量用于支持辖内小微企业。

(2) 创新普惠型民营小微信贷产品

引导银行业机构依托龙岩市有色金属、机械装备等特色产业集群和龙头企业，探索开发个性化、特色化供应链金融产品和服务。做大做强产业链核心企业财务公司，缓解核心企业上下游中小企业供应链融资问题。结合成长型中小微工业企业以及"专精特新"中小微企业的融资需求，"一业一策""一企一策"实施金融服务。积极创新"银行＋税务""银行＋保险""银行＋政府性融资担保"等形式，发展基于经营信息的银税贷、仓单质押、小微快贷等信贷产品。

(3) 做好科技型小微企业金融服务

支持发展专利权、商标权等知识产权质押融资及保证保险业务。发展"投贷一体化"模式，重点向已获得股权投资的小微企业发放股权质押贷款。推广"科技贷"，充分利用银政保、银（保）政模式，按照政府引导、风险共担、市场运作的原则，优化科技金融服务，合理控制科技型中小微企业贷款成本。

7.6.1.3　优先配置金融资源支持乡村振兴

(1) 加强乡村振兴政策保障

各金融机构应制定专项工作计划，确保金融支农资源不断增加、农村金融服务体系不断改善。集聚财政、金融、农业等多方力量，推进"红古田"区域公用品牌农产品纳入银行业机构电商平台。鼓励在确权登记颁证基础上，把农村土地经营权、林权、农村集体经营性建设用地使用权等纳入抵押品登记范围，探索以集体资产股份作为抵押担保物的贷款办法。

(2) 加大乡村振兴资金投放

优先配置金融资源，支持龙岩发展"八大干、八大珍、八大鲜"等特色产品，力争龙岩涉农贷款增速高于全省平均增速。加大扶持龙岩市七大核心旅游景区发展。推动开发性、政策性银行与龙岩市中长期合作框架协议落实，运用中长期、低成本信贷资金，支持乡村振兴、城乡基础设施、农村人居环境整治等项目建设。

(3) 创新乡村振兴金融产品服务

创新农业生产设施抵押、供应链融资等金融产品。推广"快农贷""家庭信用贷款"等信贷产品，支持探索民宿收益权抵押贷款模式。大力推进"供销社＋银行"模式，加大财政资金支持供销助农信贷风险基金力度，做大信贷风险基金规模，发展助农增信服务。支持推进"党建＋金融助理驻村"工程，由农信社（农商银行）选派优秀党员、员工担任乡村金融助理，参与基层组织建设，提供普惠金融服务。

7.6.1.4 构建稳定脱贫的金融支持长效机制

(1) 提升银行业机构帮扶质效

推动银行业机构积极对接龙岩市组织的"雨露计划""春潮行动"等贫困农民劳动力职业技能培训计划，推广"培训＋创业＋贷款"联动模式，支持贫困户发展"农家乐""森林人家"等乡村旅游产业。加大对贫困区域菌菇、茶叶、林竹产品、花卉苗木等特色种养殖基地、产业化龙头企业、专业合作社、家庭农场等农业经营主体的金融支持力度。支持"造血式"扶贫，重点实施"金融机构＋四类新型农业经营主体＋贫困户"的服务模式，切实满足符合条件的建档立卡贫困户资金有效需求，做到应贷尽贷。用好小额信用贷款、创业担保贷款、助学贷款等产品，满足特殊困难群体生产、创业、教育等合理信贷需求。

(2) 推广扶贫再贷款整村推进模式

推动扶贫再贷款整村推进模式优化升级，通过集中评审、授信等方式，力争在试验期内建成 110 个"金融支持乡村振兴示范村"。用好支农再贷款、扶贫再贷款等政策，支持发展"贫困户＋专业合作社""贫困户＋合作社＋基地＋党员""家庭农场＋贫困户""种养大户＋贫困户"等农业产业链金融服务，为贫困农户和贫困乡村发展配套专项金融产品，力争每个示范村年度涉农贷款增速均高于所在县涉农贷款增速。

7.6.1.5 推动绿色金融发展

(1) 健全林业普惠金融基础设施

支持龙岩市级及各县（市、区）设立林业金融服务机构，做大林业收储担保基金，健全"评估、收储、担保、流转、贷款"五位一体的林业金融服务机制。制定实施林业金融服务专项方案，进一步盘活林地经营权和林木处置权。完善林权确权登记和流转管理服务平台以及评估和收储体系、征信和担保体系等林业金融基础设施体系建设。

（2）深化林业普惠金融产品创新

针对林企、林农"短贷长用"问题，探索推出与林业生产周期相匹配的中长期贷款品种，重点发展贷款期限在 10 年以上的林权按揭贷款。将林产品加工、林权流转和收储贷款纳入省级财政贴息范围，大力推广免评估、免担保的"普惠金融·惠林卡"与"直接抵押＋收储担保"产品，力争实现重点林区乡镇的林业金融服务全覆盖、林业生产周期贷款全覆盖、林业生产环节贷款全覆盖、有信贷需求且符合贷款条件的林业经营主体授信全覆盖。

（3）支持发展绿色富民产业

探索推广经济林木抵押贷款、林下经济经营收益权质押贷款、电子仓单质押贷款、林下经济一揽子保险等产品，支持林下经济、花卉苗木、森林旅游、森林康养基地、森林小镇建设。金融机构在核定林业企业和林农授信额度时，增加对林下种养植物的价值评估，合理确定贷款额度。

（4）完善绿色金融支持机制

加强企业环境信用评价，实施分级分类监管。积极开展排污权、碳排放权、用能权交易及其收益权类抵质押贷款融资创新。积极发行绿色债券。积极推广动产融资统一登记公示系统，办理相关质押登记。推动保险机构研发绿色企业或绿色项目贷款保证保险业务，为绿色企业或项目融资提供增信支持。

7.6.1.6 提升普惠金融服务水平

（1）激发普惠金融服务点活力

支持农村普惠金融服务点与农村电商、物流、信息进村入户等合作共建，提升服务点网络价值和发展活力。在现有农村普惠金融服务点的基础上实现功能升级，丰富农村地区税收、非税和社保资金就地缴交及养老金就地领取等服务功能。

（2）建设现代支付生态圈

因地制宜打造上杭县"红古田智慧商圈"、长汀县"红土金融·普惠汀州"等农村支付服务地方品牌。积极推广手机银行、电话银行、网上银行，加强移动支付等新兴支付方式在县域公交、商超菜市、农业生产、乡村旅游消费、商品交易和物流等各类便民场景中的应用。严格落实账户实名制、转账管理等措施，有效防范电信网络诈骗。

（3）提升农村现金服务水平

支持龙岩市加大现金服务试验区建设，解决区域之间、城乡之间、有库无库地区之间小面额人民币投放及供需平衡、人民币整洁度、硬币自循环问题。组建边界清晰、规模适当、责任明确的网格服务团队，重点做好小面额人民币投放、残损币回收与兑换、券别兑换、反假货币知识宣传等工作。

（4）提升国库领域服务水平

深化"福建省税库银便民综合办税缴费平台"建设，线下联通农村普惠金融服务点，线上对接银行税费缴交端口，开通普惠金融服务点、手机银行及微信公众号等服务端口的税费查询缴纳功能。

（5）加强普惠金融领域信用建设

推广运用福建省金融服务云平台，对接"信易贷"综合服务平台，开展"信用建设＋普惠金融"工作，打造中小微企业信用融资服务生态圈。开展农村信用体系建设，加大信用县、信用乡（镇）、信用村、信用户四级创建。支持漳平永福台湾农民创业园区征信服务工作，力争把漳平永福台湾农民创业园建设成为具有典型示范效应的"农民信用园区"。加快推进农村地区各类经济主体电子信用档案建设，推动小额贷款公司、村镇银行、融资担保公司接入征信系统。

（6）完善数字普惠金融基础设施

支持金融机构加快利用大数据、云计算、区块链等技术整合内外部资源，提升信贷融资效率，探索开拓金融科技助力普惠金融发展新路。依托"e龙岩"开展"红古田"普惠金融公共服务平台建设，试点探索普惠金融产品对接、金融知识宣传教育、金融消费权益保护等工作。

7.6.1.7 创建普惠金融普及园地

（1）打造普惠金融教育模式

加快打造以村"两委"干部、贫困村致富带头人、退役军人、创业就业人员为重点群体的"星火燎原"培训模式，以中小学生为重点群体的校内课堂教育与校外综合实践基地教育相结合的金融知识普及教育模式，以社会公众为重点群体的传统红色金融教育模式和现代数字普惠公共服务教育模式。探索将"德育教育""社会主义核心价值观教育""诚信教育"与金融课程相结合，将金融知识普及教育纳入国民教育体系。

（2）建设普惠金融教育实践园地

整合龙岩红色金融资源，推进红色金融旧址的保护、规划、利用，与古田党性教育基地有机结合，打造红色金融教育培训基地和现场教学点，建设集红色传统革命文化教育、普惠金融文化教育、普惠金融知识宣传等功能为一体的普惠金融教育实践园地。

7.6.1.8　加强金融监管与法治建设

（1）实施差异化监管政策

适度提高涉农、小微企业和民营企业贷款不良容忍度，对不良率在监管部门规定的容忍度范围内的，不作为内部考核评价的扣分因素。细化涉农、小微企业金融从业人员的薪酬激励和尽职免责机制，提高可操作性。鼓励银行业机构实施普惠金融贷款内部资金转移价格优惠措施。降低小微企业金融从业人员利润指标考核权重，增加贷款户数考核权重。

（2）加强金融风险防范

加强区域金融风险监测排查，持续开展银行、证券、保险业及交叉性金融工具和产品的风险监测。做好法人金融机构日常风险监测工作，重点关注中小法人银行机构的流动性和信用风险，探索将普惠金融发展纳入地方法人银行机构评级体系，运用央行评级引导地方法人银行机构支农支小，实现促发展和防风险有机统一。动态监测和排查可能影响辖区金融稳定的苗头性因素，及时妥善处置监测中发现的风险隐患，力争不良贷款率控制在合理区间，建设普惠金融改革试验的风控阵地。

（3）加强金融法治建设

建立金融消费权益保护重大突发事件协作机制，完善金融消费投诉处理和金融纠纷多元化解机制，提升金融消费纠纷处理效率。构建违法违规金融广告案件联合处置长效机制，加强监测信息共享。设立金融普法示范点，突出地域特色，提升宣传的针对性与实效性。创新普法方式方法，丰富宣传素材库，利用线上线下媒介普及金融知识。

7.6.2　主要成效

在中央政策的支持下，福建省加大力度推动龙岩市普惠金融改革试验区发展，龙岩市的经济社会发展取得明显成绩。由于龙岩市和宁德市同期设立普惠金融改革试验区，且两地在具体做法和主要成效方面有诸多相似之处，因此该部分内容可能会同时涉及宁德市。

7.6.2.1　普惠金融体系特色鲜明

（1）错位发展定位

推动形成了错位发展、各具特色的区域金融改革发展格局，有利于更好地发挥金融服务实体经济的能力。有效对接中央和地方政策，充分聚焦社会热点和普惠金融薄弱环节，研究出台措施，确保龙岩市普惠金融工作出特色、有创新、见实效。

（2）坚持总体推进与突出特色并重

按照五部委《总体方案》和福建省工作推进小组《实施方案》，全面推进龙岩市和宁德市普惠金融改革试验区相关工作。同时，根据龙岩市区域特色、经济结构、发展特点，重点督促落实了十个"一批"工作任务，包括：出台支持企业的优惠政策、建立助力乡村振兴机制、完善便捷化的服务流程、对接综合性的信息平台、制定特色化的服务方案、创新稳就业的服务措施、开展服务民生和基层运转的服务行动、推广亲民便民的服务模式、开展主题鲜明的红色工程、健全考核评估制度等方面，引领两地机构走出一条体现红色意义、银保特点、普惠价值的改革发展新路子。

（3）坚持创新意识与底线思维并重

普惠金融改革试验区建设与疫情防控常态化工作要求紧密结合，充分聚焦当前经济金融形势，用高标准的创新手段落实严要求的底线任务，比如：结合"保市场主体"工作要求，推动扩大降本政策，在持续做好贷款利率控制、服务收费减免的基础上，鼓励龙岩市和宁德市法人银行机构率先实现500万元以下县域房产抵押贷款及30万元以下林权抵押贷款自评估或免评估，进一步减轻企业综合融资成本。结合"保居民就业"要求，创新促进就业的服务措施，推动依托普惠金融工作站设立20个创业就业金融服务中心，以信贷业务骨干为主体建立1 000个金融导师队伍，鼓励为两地应届大学毕业生增加创业担保贷款投放，持续优化信贷流程支持返乡留乡农民工就地就近就业。结合"保基本民生""保基层运转"要求，推进开展金融支持民生消费提质扩容行动，鼓励通过便捷支付、优惠配套、信贷支持等一揽子服务支持夜间经济发展，推动实施"普惠金融百千万2.0工程"，向两地3 895个行政村全面派驻普惠金融助理，有效融入城乡社会治理，助力基层运转。①

（4）坚持序时推进与先试先行并重

基于龙岩市和宁德市普惠金融发展情况设置了"六高一低"和"三个一百"等中长期发展规划目标。其中，"六高一低"指普惠型涉农贷款、普惠型小微企业贷款增速高于全省平均水平；农户贷款覆盖面高于全省平均水平；农业风险保障金额增速高于全省平均水平；小微企业信用贷款、无还本续贷业务比重，首贷户贷款占当年新增小微企业贷款的比重高于全省平均水平；促进融

---

① 资料来源：福建银保监局关于宁德龙岩普惠金融改革试验区建设的指导意见，福建银保监局。

资性担保放大倍数高于全省平均水平；普惠型小微企业贷款利率低于全省平均水平或当年降幅高于全省平均水平。"三个一百"指 2020—2022 年，两地每年新增乡村特色产业贷款 100 亿元以上，重点支持 100 个农业产业化龙头企业、100 个 "一村一品" 特色乡村等中长期发展规划目标。同时，充分发挥了普惠金融改革 "试验田" 作用，对建立脱贫攻坚和乡村振兴衔接机制、构建森林命运共同体、开展 "党建＋网格" 服务模式等创新政策，加快了对不动产抵押登记 "网络直办"、信用信息平台全面接入。

（5）发挥农村信用社作用

对探索有特色、可操作、易推广的普惠金融 "福建农信模式" 作出了五项工作部署：深化机构改革打造良好普惠金融市场主体；优化金融供给提升普惠金融服务获得感；夯实基础设施构建完善普惠服务体系；加快科技应用提升普惠金融服务质效；加强政策对接创造普惠金融发展良好环境，助力宁德、龙岩两地普惠金融工作长期、稳步、良性发展，推动试验区普惠金融工作迈上新台阶。

7.6.2.2　经济发展水平明显提高

2020 年龙岩市实现地区生产总值 2 870.9 亿元，按可比价格计算，比上年增长 5.3%。城乡居民收入持续增加，全市居民人均可支配收入由 2015 年的 20 500 元增加到 2020 年的 30 403 元，年均增长 8.2%，比全省年均增速高 0.3 个百分点。农村居民人均可支配收入由 2015 年的 13 274 元增加到 2020 年的 20 150 元，年均增长 8.7%，比全省年均增速高 0.1 个百分点。城乡居民收入差距逐渐缩小[①]。

7.6.2.3　普惠金融产品创新

龙岩市在建设普惠金融改革试验区过程中，不断推出普惠金融创新产品，并在各地大力推广。主要的创新产品包括：

（1）普惠金融惠林卡

龙岩市在全国率先推出林权直接抵押贷款卡 "普惠金融惠林卡"，实现林权证直接抵押贷款。"普惠金融惠林卡" 是一种专项贷款卡，主要功能是为林农、林业小微企业主及林下经济种养户、经营者提供生产经营贷款、现金结算等金融服务。林农凭借 "身份证＋林权证或从事林下经济证明" 直接申请 "普惠金融惠林卡" 并贷款，免中介评估，贷款在享受省级财政 3% 贴息的基础上，可叠加享受市级财政 1% 的贴息；金融监管部门对惠林卡贷款在信贷规模

---

① "十三五" 时期龙岩经济发展迈出新步伐，龙岩市统计局网站，http://lytjj.longyan.gov.cn/xxgk/tjfx/202101/t20210125_1760348.htm。

和品种监管上给予政策倾斜。至 2020 年末，龙岩市累计发卡 25 951 张，授信 22.58 亿元，用信 15.19 亿元，直接为林农节省贷款利息、年费、林权评估等费用超过 5 000 万元，龙岩市林业专项贷款贴息 698 万元。①

（2）"三农"综合保险及其升级版

龙岩市"三农"综合保险以保险覆盖面广、保费低等特点驰名全国，"三农"综合保险保障范围涵盖了农民生产生活各个领域，涉及家庭财产、人身健康、安全责任、农业种养产业、林业、扶贫等 30 多个险种。2020 年 6 月，龙岩市人民政府办公室印发《"三农"综合保险"龙岩模式"巩固提升实施方案》，从多方面发力，打造"三农"综合保险"龙岩模式"升级版。

（3）供销助农风险补偿机制

2016 年以来，龙岩市持续推广供销助农风险补偿机制，用创新设立的"供销助农信贷风险补偿基金"作为农户贷款的风险补偿资金池，由合作银行按风险补偿基金 10 倍的资金规模向农户提供无抵押、低成本、简便快捷的贷款。解决了无抵押资产、无借钱渠道的农民"融资难""融资贵"问题，提高了普惠金融的包容性。其次，降低了银行机构自担风险的总额，弱化了银行机构对农户抵押物的要求，提升了银行机构为农户发放贷款的意愿，解决了农户"融资难"问题。此外，因为该类贷款还款来源有一定保障，违约风险下降，贷款利率得以相应下调，有效解决了农户"融资贵"问题。

（4）抵押物自评估系统

在福建银保监局的指导下，龙岩市开发抵押物自评估系统，创新抵押物评估模式，依托现代科技手段和大数据库，实现押品线上智能估值，并推广房产及林权抵押贷款自评估，针对性地缓解小微企业、"三农"主体"融资贵"和"融资慢"等问题。

（5）龙岩市金融支持乡村振兴"986 工程"

2020 年 4 月，人民银行龙岩市中心支行印发《关于开展"金融支持乡村振兴示范村"建设工作的意见》，以打造"986 工程"为目标，在省委确定的全市 110 个省级乡村振兴试点示范村名单基础上扩充到 139 个行政村，推动开展金融支持乡村振兴示范村（以下简称"示范村"）创建活动，力争到当年末示范村农户建档面要达到 90%（含）以上、农户授信面达到全村农户数的

---

① 资料来源：关于推广福建省国家级普惠金融改革试验区第一批可复制创新成果的通知，福建省地方金融监督管理局网站。

80%（含）以上、农户用信面达到全村农户数的 60%（含）以上。要求示范村涉农贷款增速应当高于创建行（农业银行、邮储银行、农合机构）同期涉农贷款增速，涉农贷款平均利率应当低于创建行同期涉农贷款平均利率。

（6）武平县林业金融服务体系

成立县级林权服务中心，实行林权抵押贷款评估、收储、担保、流转、贷款"五位一体"优质、高效、便民的"一站式"服务。在林权流转方面，建立县级林权流转管理服务平台，并延伸到各个乡镇；使用林权流转合同示范文本，有效防止合同不规范引起矛盾纠纷。在林权评估方面，实行线下窗口服务与线上简易评估服务并举。线上的简易评估只需在网站输入简单的因子，如树种、树龄、平均高度、胸径等，林权信息管理系统即可自动计算出林权的大概价值。在抵押担保方面，实行"全县林权一张图"，实现林权抵押、流转、变更等信息的即时更新和实时查询。此外，还建立了全省首家林业村级担保合作社——武平县城厢镇园丁村村级担保合作社，并升级为武平恒信融资性担保有限公司，专注"农保农贷"业务。以上措施有效解决了林权抵押贷款评估难、担保难、处置难、流转难和贷款难等"五难"问题，探索出一条"资源变资产，资产变资本"与"青山变金山"的发展路径。

7.6.3　存在问题

7.6.3.1　数字金融服务水平整体较低

龙岩市是著名的革命老区，长期以来经济发展水平相对落后，数字金融服务水平整体较低，从图 7-19 至图 7-21 可以看出，与福建省相比，龙岩市的

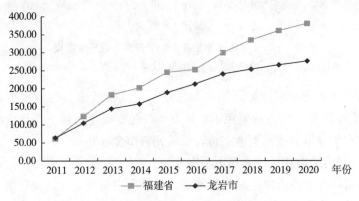

图 7-19　福建省和龙岩市数字普惠金融总指数
资料来源：北京大学数字普惠金融指数（PKU-DFIIC）2011—2020 年。

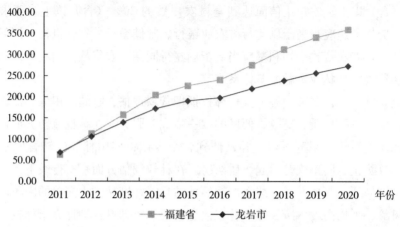

图 7-20 福建省和龙岩市数字普惠金融覆盖广度

资料来源：北京大学数字普惠金融指数（PKU-DFIIC）2011—2020 年。

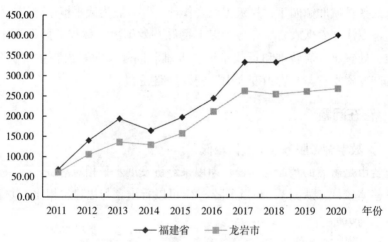

图 7-21 福建省和龙岩市数字普惠金融覆盖深度

资料来源：北京大学数字普惠金融指数（PKU-DFIIC）2011—2020 年。

数字普惠金融无论是总指数还是覆盖广度、深度都低于福建省水平，而且从 2011 年到 2020 年，两者的差距不断扩大。因此要提高龙岩市普惠金融水平需要加大政府的政策力度和资金支持，改善龙岩市金融环境。

7.6.3.2 融资结构和区域分布不平衡

近年来，龙岩市金融业运行总体稳健，社会融资规模和信贷总量保持较快增长。从社会融资规模看，2015—2019 年从 254.12 亿元增长至 674.36 亿元。从存贷款总量看，截至 2020 年 12 月末，全市金融机构存贷款 4 857.74 亿元，相当于 2015 年末的 1.64 倍。从存贷款增速看，2016—2020 年，存款同比增长 13.81%、11.59%、5.5%、2.87% 和 12.2%，贷款同比增长 5.26%、5.62%、14.47%、12.2% 和 15.22%。"十三五"前四年存款增长逐年"走低"，贷款持续五年"走高"的态势明显。但是从区域分布来看，金融资源向中心城市和经济发达区域集中的特征明显。2020 年 12 月末，新罗和上杭两县合计占全市存贷款余额比重高达 65.06% 和 71.38%。①

7.6.3.3 金融业支持实体经济结构待优化

近年来，直接融资成为龙岩市实体经济融资的重要渠道。统计数据显示，2015—2017 年龙岩市社会融资规模中：企业债券融资占比分别为 31.06%、76% 和 8.97%，股票融资占比 2015 年为 2.11%、2017 年为 26.18%、2018 年为 13.77%。2019 年社会融资规模增量构成中，直接融资占比达 56.53%，其中企业债券融资、政府债券融资和股票融资占比分别为 26.17%、16.59% 和 13.77%。值得关注的是，在经济结构转型中一部分制造业面临经营上的困难，贷款质量有所下降，造成金融机构信贷投放意愿的降低，不少商业银行愿意将资金投向有国有背景的项目或房地产业，对制造业等实体经济反而造成了挤出效应。同时，鼓励和引导金融业向实体经济倾斜的政策已颁布多时，政策措施呈现边际效用递减的趋势也影响着金融机构支持实体经济积极性。另外，信贷行业集中问题仍需高度关注，2020 年 12 月末，交通运输仓储和邮政业、制造业、房地产业、批发和零售业、水利环境和公共设施管理业五大行业贷款余额占行业分类贷款总量的 31.78%，比 2015 年的占比低 4.41 个百分点。服务业和制造业信贷占比仍然偏低。近年来，龙岩市普惠金融领域贷款持续较快增长，2017—2020 年增速分别为 12%、15.1%、14.32%、21.49%，但总体规模偏小，2020 年 12 月末余额 671.03 亿元，占全市贷款总额的 26.88%。普惠金融信贷覆盖面有待进一步提高。②

7.6.3.4 潜在金融风险不容忽视

近年来，龙岩市金融生态环境持续改善，金融风险整体可控。截至 2020 年 12 月末，全市银行业金融机构不良贷款率 0.7%，信贷资产质量持续保持全省地市前列，但隐性金融风险依然存在，需密切关注。一是逾期贷款率高于不良贷款率。2020 年 12 月末，全市银行机构逾期贷款率 0.79%，比同期不良贷款率高 0.09 个百分点，逾期贷款与不良贷款之比达 106.81%，比 2019 年末降低

---

①② 郭柏杨，新发展格局下龙岩金融发展的思考，红色文化周刊，2021‐03‐06。

18.76 个百分点，但较 2017 年和 2018 年末分别高 5.82 和 10.39 个百分点。与不良贷款全年仅减少 951 万元相比较，2020 年龙岩市关注类贷款减少较多，达 22.15 亿元。在当前错综复杂的国内外经济形势下以及受众多不确定性因素的影响，龙岩市要继续压降不良贷款空间已十分有限，关注类贷款向不良贷款转化蜕变以及不良率反弹可能性依然存在，需密切关注并采取切实措施加以防范。二是政府债务率和居民杠杆率较高。2020 年，全市本级和三个县域均被列入政府债务风险提示地区。龙岩市在"十四五"时期将进入偿债高峰期，加强地方政府债务防控任务不轻。此外，居民杠杆率逐年攀升，2015—2020 年龙岩住户杠杆率分别为 38.48％、38.79％、40.52％、41.94％、38.8％和 48.37％，除 2019 年比上年略有降低但仍高于 2015 年 0.32 个百分点外，整个"十三五"期间全市居民杠杆率总体呈攀升态势明显。此外，贷存比持续居于高位。2020 年 12 月末，龙岩市银行业金融机构存贷比达 105.74％（居全省第二），高于全省平均 0.04 个百分点，从 2019 年 10 月起已连续 14 个月超过 100％。①

7.7　山东省临沂市普惠金融改革试验区

临沂是山东省地级市，国务院批复确定的山东省地区中心城市，具有滨水特色的宜居城市、现代工贸城市和商贸物流中心。临沂市辖兰山、罗庄、河东 3 个区和郯城、兰陵、沂水、沂南、平邑、费县、蒙阴、莒南、临沭 9 个县，临沂高新技术产业开发区、临沂经济技术开发区、临沂临港经济开发区 3 个开发区，156 个乡镇办事处，截至 2020 年 11 月 1 日零时，临沂市常住人口为 11 018 365 人。② 2020 年全市实现生产总值 4 805.25 亿元。按可比价格计算，同比增长 3.9％。③

2020 年 9 月 14 日，经国务院同意，人民银行联合国家发展改革委、财政部、农业农村部、银保监会等部门向山东省政府印发《山东省临沂市普惠金融服务乡村振兴改革试验区总体方案》（以下简称《方案》），临沂市成为全国首个，到目前为止也是唯一一个普惠金融服务乡村振兴改革试验区。《方案》提

---

① 郭柏杨，新发展格局下龙岩金融发展的思考，https://www.163.com/dy/article/G4167CEO05410ODW.html。

② 资料来源：第七次人口普查数据。

③ 数据来源：2020 年临沂实现生产总值 4 805.25 亿元，同比增长 3.9％，临沂市自然资源和规划局。

出推动农村金融服务下沉、完善县域抵押担保体系、拓宽涉农企业直接融资渠
道、提升农村保险综合保障水平、加强乡村振兴重点领域金融支持和优化农村
金融生态环境等方面多项任务措施，通过 3 年左右努力，打造普惠金融支持乡
村振兴齐鲁样板的"沂蒙高地"。

7.7.1 重点任务与主要措施

7.7.1.1 重点工作

围绕《方案》，结合当地经济社会发展现状，临沂市普惠金融服务乡村振
兴改革试验区的重点工作如下：

（1）开展先行先试，完善农村金融组织体系

一是推动农村金融服务下沉。积极探索金融参与村庄规划，推动银行网点
下沉，指导银行机构完善助农取款点"线上＋线下"双线服务。二是完善县域
抵质押担保体系建设。创新推广不动产抵押登记"集成网办"模式，率先在全
省不动产抵押登记服务场所实现市县两级银行机构全覆盖。大力推广山东省农
业发展信贷担保有限责任公司"鲁担惠农贷"。三是探索激活农村资产资源融
资功能。推动辖区金融机构聚焦农村产权改革，探索创新农村抵质押物创新，
着力探索激活农村资产资源融资功能。

（2）着力营造良好氛围，优化金融生态环境

一是加强重点领域金融支持。比如兰陵县借力山东省财政金融政策融合支
持实施乡村振兴战略制度试点县优势，创设 1 亿元乡村振兴信贷风险补偿基
金。二是创新推出特色信贷产品。聚焦农村创新创业，辖区银行业金融机构创
新研发支农惠农产品。比如费县农商银行创新的"党员信用贷""新型职业农
民贷""乡村好青年贷"等特色产品，实现有效推广。三是扎实推进农村信用
环境建设。探索以"信用县"创建为抓手、以"政府＋市场"为驱动、以乡村
振兴综合金融服务为平台的农村信用体系建设新思路，形成"政府领导、人行
主导、各部门参与"的工作机制。

（3）建立起省、市政府改革试验区主体责任

省级层面，推动建立山东省政府统筹统揽、省地方金融监管局牵头组织协
调的工作机制，研究制定《临沂市普惠金融服务乡村振兴改革试验区重点政策
措施》和《临沂市普惠金融服务乡村振兴改革试点实施意见（征求意见稿）》
等文件。市级层面，推动临沂在市农业农村局下设市普惠金融服务乡村振兴中
心，协调推进试验区建设各项工作。

7.7.1.2 主要措施

(1) 开展金融服务探索创新

一是推进金融服务直达下沉，农行临沂分行新设或迁址设立乡镇支行 16 家，建行在临沂探沂镇设立全省建行系统首家普惠金融特色支行，银行机构不断完善助农取款点"线上＋线下"双线服务。二是完善县域抵（质）押担保体系，创新推广不动产抵押登记"集成网办"模式，将不动产抵押登记服务延伸至银行网点，率先在全省实现市县两级银行机构全覆盖；推广"鲁担惠农贷"业务，实现业务县域全覆盖。三是激活农村资产资源融资功能，在沂南县成立全国首家农地经营权收储公司，构建市场化兜底处置机制，推进农地经营权抵押贷款业务。

(2) 探索普惠金融服务乡村振兴服务平台体系建设

推动临沂市引进第三方机构，建设临沂普惠金融服务平台，实现中小微企业信用信息、融资需求信息、金融产品信息一网查询，打造促进银企信息对称、金融信贷和融资需求对接网络化、一站式和公益性的普惠金融服务平台。开展农村特色信贷产品和服务创新，推动山东省联社临沂市审计中心研发"沂蒙云贷"平台。

7.7.2 主要成效

山东省临沂市普惠金融服务乡村振兴改革试验区设立时间较短，试验区建设尚处初级阶段，山东多部门通过聚焦推动责任落实、聚焦重点改革任务、聚焦搭建服务平台等，推动临沂市普惠金融服务乡村振兴改革试验区建设取得明显成效。

7.7.2.1 信贷市场深入发展

截至 2020 年底，全市普惠型涉农贷款余额 783.02 亿元，较 2020 年初增加 158.8 亿元，增速为 25.44％。在积极争取上级政策方面，市财政局、市地方金融监管局等部门加大涉农金融政策争取力度，优化农村金融生态环境。兰陵县、沂水县等 6 个县纳入山东省财政金融政策融合支持乡村振兴试点县，其中兰陵县借助试点优势，创设 1 亿元乡村振兴信贷风险补偿基金。在创新金融服务产品方面，中国农业银行、齐商村镇银行、临商银行、农村商业银行等多家银行，以问题为导向，推出多种支持乡村振兴的特色金融产品。兰陵农商银行创新推出"新型职业农民贷""四雁人才贷"等特色产品 62 款，发放各类特色贷款 9 635 户、金额 18.6 亿元。中国农业银行创新"强村系列贷"特色产品，累计为全市 69 家党支部领办合作社发放贷款 5.7 亿元，居全省第一位。在推进农村金融服务下沉方面，各银行通过设置助农服务点、团队营销人员上门对接、打造线上线下一体化服务平台等措施，延伸服务半径，下沉金融服务。农商银行系统延伸服务半径，广泛开展"整村授信"，截至 2020 年末，已完成 6 338 个村整村授信，授信 89.3 万户，授信金额 581.8 亿元。省农担临沂市管理中心专注支持粮食生产经营和现代农业发展，为新型农业经营主体提供融资担保服务，截至 2020 年末，累计为 5 416 户农业经营主体提供担保贷款 29.6 亿元。在激活农村资产资源融资功能方面，在沂南县试点成立全国首家农地经营权抵押贷款业务，累计发放贷款 4 647 笔，金额 21.49 亿元。这些创新做法为普惠金融服务乡村振兴注入了活力之水。①

7.7.2.2 普惠金融助力"三农"发展成效显著

(1) 基础金融服务基本实现全覆盖

从 2016 年至 2020 年，山东省共设置银行卡助农取款服务点 9.5 万个，行政村覆盖率达 100%，全面消灭了农村金融服务空白。全省设立商业银行征信自助查询网点 369 个、布设自助查询设备 534 台，实现市、县两级全覆盖，建成主城区"3 公里"查询圈。优化国库退库服务，推进"容时容差"机制，在疫情严重的前 2 个月，完成退库业务 61 423 笔。②

(2) 金融扶贫基本实现应贷尽贷

从 2016 年到 2020 年，山东全省金融机构累计发放精准扶贫贷款 1 546 亿元，累计支持贫困人口 156 万人次，对有劳动能力、有致富愿望、有生产经营项目、有信贷需求并符合信贷条件的"四有"贫困人口以及符合信贷条件的扶贫生产经营主体应贷尽贷。

(3) 薄弱环节融资支持更加有力

聚焦民营、小微、"三农"等领域融资难题，开展首贷培植、应收账款融资推广、金融顾问服务等特色工作，促进涉农贷款、普惠小微贷款较快增长。从 2016 年至 2020 年，涉农贷款余额同比增长 9.6%；普惠小微贷款余额同比增速达 40.4%。开展"金融诊疗"助企专项行动，帮扶市场主体超 7.3 万家。

---

① 资料来源：全市普惠金融服务乡村振兴评估会召开，临沂市农业农村局官网。
② 资料来源：普惠金融看山东：金融服务覆盖率、可得性和满意度稳步提升，齐鲁晚报，2020-12-21。

（4）金融消费权益保护体系基本健全

建立山东省"12363"呼叫中心，投诉处理和纠纷化解办结率保持在90%以上。截至2020年底建成农村金融消费维权联络点4.3万个。成立山东省金融消费权益保护协会，完善金融消费权益保护诉调对接机制，实现省、市、县三级全覆盖。

（5）普惠金融组织机制效能日益凸显

建立普惠金融联席会议制度，牵头成立了金融委办公室地方协调机制，参与制定全省推进普惠金融发展实施意见，协同落实全省普惠金融发展规划。将普惠金融、金融服务乡村振兴和金融精准扶贫同研究、同部署、同实施，通过整合各类优势资源，形成强大工作合力。

7.7.2.3 金融主要指标实现历史突破

2020年，临沂全市实现金融业增加值327.7亿元，同比增长9.8%，高于全市GDP增速5.9个百分点，金融业增加值占全市GDP和服务业增加值比重分别达6.8%和12.6%，均比2019年提高0.3个百分点，对全市经济增长拉动作用明显增强。存贷款增量首破千亿，全市本外币存贷款增量双双突破千亿元大关，增幅分别超过全省平均水平2.65个百分点、5个百分点，贷款增幅首次跃居全省首位。疫情期间落实各项金融支持政策，2020年争取中央低息政策资金213.8亿元，居全省前列，普惠小微企业贷款延期率、信用贷款发放金额和金额占比均居全省首位。保险保障成效显著，全市实现保费收入289.3亿元，同比增长7.5%，保险理赔支出92.3亿元，同比增长13.6%，保费收入和理赔支出均居全省第3位。[①]

7.7.2.4 企业直接融资取得重大突破

2020年临沂企业上市实现新突破。山东玻纤实现在上海证券交易所主板首发上市，募集资金3.84亿元，实现了2011年以来企业主板上市新突破；罗欣药业通过重组"东音股份"成功借壳上市，成为临沂首家通过借壳上市的企业。挂牌企业再创新高，全年新增区域股权交易市场挂牌企业53家，新增挂牌企业数量居全省第8位，全市区域股权交易市场挂牌企业达到266家。直接融资实现翻倍，全市企业通过股权融资、发行债券等实现直接融资207.79亿元，创历史新高，同比增长175.77%。成功举办中国·临沂第七届资本交易大会系列专题活动，展示新时代临沂经济金融发展成就，助推金融支持疫情防

---

① 资料来源：2020年临沂市金融运行平衡 主要指标实现历史突破，临沂市人民政府网站。

控和经济社会发展①。

7.7.2.5 金融改革创新持续发力突破

金融组织体系更趋完善。引进市外金融机构万和证券入驻临沂，2020 年全市拥有各类金融机构 425 家，较"十三五"末增加 33 家，金融机构总数居全省前列，基本形成了以银行、证券、保险业金融机构为主体，地方金融组织、交易场所等为补充的多门类多元化金融服务体系。

地方金融组织规范发展。2020 年全市小额贷款公司 32 家，累计发放贷款 65.17 亿元；融资担保公司 31 家，新增担保额 84.34 亿元，在保余额 83.99 亿元；民间资本管理公司 119 家，累计投资 126.4 亿元；新型农村合作金融试点社 41 家，自试点以来累计发放互助金 2 990.57 万元；典当行 28 家，典当余额 5.65 亿元。金融创新试点获批落地②。

企业金融辅导全面推开。大力推行"金融辅导员"制度，2020 年遴选 503 名辅导员、156 名服务专员，组建 178 支辅导队，对接 1 996 家企业开展"保姆式"金融服务，进行政策推送宣传、咨询指导服务、融资策划协调等精准对接，有力助推金融扶持政策直通、企业融资需求直报和金融精准服务直达。

7.7.2.6 金融风险防控狠抓攻坚突破

金融风险防控攻坚收官战成效显著，全市不良贷款余额和占比实现双降。2020 年不良贷款余额较年初减少 24.68 亿元，压降幅度创"十三五"以来之最，不良贷款占比 1.01%，低于全省平均水平 1.02 个百分点，较年初下降 0.6 个百分点，不良贷款余额和正向占比分别位居全省第 6 位、第 3 位③。

按照"政府指导、监管协同、同业推进、企业配合"的原则，对重点风险企业分别成立风险处置工作领导小组，"一企一策"有序推进三维集团等重点企业金融风险化解。应急转贷扩面增效，2020 年市、县两级应急转贷基金累计为 1 041 户企业及个体工商户提供了 1 207 笔应急转贷基金，金额达到 103.18 亿元。

组织开展线下"守好钱袋子·护好幸福家"防范非法集资集中宣传月和线上"非法集资知识有奖问答"等宣传活动；对 1 家涉黑涉恶的典当行实施"摘牌"退出；14 起省督办非法集资陈案积案全部成功化解，辖内网贷机构逐一实现清退。

7.7.3 存在问题

临沂市地处沂蒙山区，是著名的抗战革命老区和经济发展落后的山区，符

---

①②③　资料来源：2020 年临沂市金融运行平衡　主要指标实现历史突破，临沂市人民政府网站。

合普惠金融改革试验区选择"革命老区+经济落后地区"的特点。山东省临沂市普惠金融服务乡村振兴改革试验区设立时间较短，作为我国首个普惠金融服务乡村振兴改革试验区其做法还需要经历摸索、总结、完善、检验、推广等阶段。就目前来看，存在的主要问题包括：

7.7.3.1 数字普惠金融基础薄弱

临沂市数字金融服务水平整体较低，从图 7-22 至图 7-24 可以看出，与山东全省相比，临沂市的数字普惠金融无论在总指数还是覆盖广度、深度方面都低于山东省水平，而且从 2011 年到 2020 年，两者的差距不断扩大。

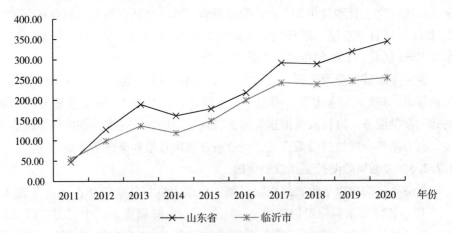

图 7-22　山东省和临沂市数字普惠金融总指数

资料来源：北京大学数字普惠金融指数（PKU-DFIIC）2011—2020 年。

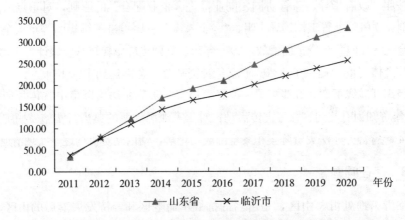

图 7-23　山东省和临沂市数字普惠金融覆盖广度

资料来源：北京大学数字普惠金融指数（PKU-DFIIC）2011—2020 年。

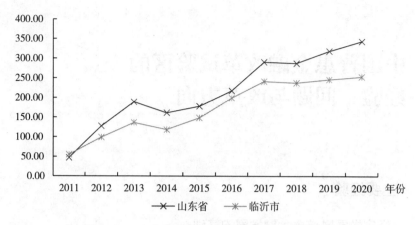

图 7 - 24　山东省和临沂市数字普惠金融覆盖深度

资料来源：北京大学数字普惠金融指数（PKU - DFIIC）2011—2020 年。

7.7.3.2　金融服务需求主要依靠传统金融机构满足

乡村振兴过程中的各类业态和各类新型经营主体，具有投资大、周期长、风险高和回报低的特点。虽然资本市场是长期投资资金来源的重要渠道，但资本投资者所追求的一般是本金的安全和持续、稳定的投资回报，与乡村振兴的经济绩效有一定背离。因此，乡村振兴的金融需求主要依赖于银行的间接融资，需要银行机构尤其是政策性金融机构的支持。

8   中国普惠金融改革试验区的经验、问题与改革方向 //////////////

8.1   主要经验

8.1.1   经济发展是普惠金融发展的基础

众所周知，经济发展是一个国家转型升级的基石（田向利，2003）。金融作为现代经济的核心，而现代经济从本质上讲就是一种发达的货币信用经济，显然，金融与经济两者之间的关系是密不可分的。经济发展为金融成长提供相关的环境和政策支持，以此引致和促进金融发展，使两者形成一种相互依赖、促进的关系（张成思和刘贯春，2015）。虽然金融发展能够促进经济增长，但金融发展的本质却只能由经济增长所引致（武志，2010）。也就是说，伴随着一个国家或地区的经济发展水平提高，人均收入水平随之增加，从而增加了对金融产品和服务的需求，这反过来也促进了金融的发展和不断的自由化。而普惠金融作为金融发展体系的重要组成部分，其发展也必然会受到地区经济发展水平的影响。当经济发展处于较低水平时，相应的金融服务需求较少，金融供给的数量和质量都得不到有效的提升，进而抑制了普惠金融的发展；当经济发展处于较高水平时，相应的金融服务需求增加（武志，2010），金融创新能力随之增强，供给产品种类也趋于丰富和多元化，以此来促进普惠金融的发展（陆凤芝等，2017）。自兰考县设立国家普惠金融试验区以来，GDP 增速高于河南省平均水平，兰考县的经济发展无疑也促进了其普惠金融的发展。

在中国经济欠发达、交通不便利的农村地区，银行业金融机构网点数量不足、分布不均，导致其与农户之间的空间距离较远，借款的交通成本较高。同时，空间距离的增加往往会导致严重的信息不对称，金融机构在向农村客户提供贷款时需要付出更多的人力和物力以克服信息问题（何问陶和王松华，2008）。可以说，经济发展水平越高，其所带来的发展红利也就越多，也就越有利于促进普惠金融的发展。但是，值得注意的是，由经济发展水平提高带来的普惠金融发展红利，会拉大地区间普惠金融发展的差距，尤其是经济发达地区与经济落后地区之间的普惠金融发展差距，进而造成普惠金融发展地区异质性突出。

8.1.2 中国实现普惠金融的制度与体制优势

普惠金融包含着公平发展的金融理念，这与中国社会主义公有制的基本原则"效率优先兼顾公平"一致，也与此前提出的"包容性增长""建设和谐社会"等理念一脉相承。由此可知，普惠金融是追求公平的社会主义核心价值观在金融领域的具体表现。普惠金融的发展离不开国家力量的支持。中国特色社会主义制度具有非凡的组织动员能力、统筹协调能力、贯彻执行能力，具有集中力量办大事、办难事、办急事的独特优势。国家普惠金融改革试验区缓解"三农领域""小微企业""科技企业"等领域的"融资难""融资贵"等问题离不开国家政策的引导和支持。中国特色社会主义制度具有高度凝聚力，能够统筹协调发展普惠金融，能够切实扩大普惠金融覆盖面。2013年党的十八届三中全会把"普惠金融"确立为国家战略，中国政府在顶层设计和制度保证上为普惠金融发展提供了保障。2017年习近平总书记在全国金融工作会议上提出要建设普惠金融体系，把更多金融资源配置到小微企业、"三农"和扶贫领域，2020年十三届全国人大三次会议表决通过的《民法典》，在保护个人信息安全、人身权利安全等方面有更完善的规定，成为普惠金融消费者权益保护的重要制度性保障。

目前，中国已基本形成了多层次、多元化的银行机构组织体系，为不同规模、发展阶段和融资能力的小微企业提供匹配的金融服务。大型银行发挥网点、人员、技术优势，下沉服务，并通过建设专营机构，提升服务小微企业的专业水平。中小银行积极增设扎根基层、服务小微企业和社区居民的小微支行、社区支行。村镇银行等新型农村金融机构稳步发展，有效填补了乡镇和涉农小微企业金融服务的空白。在传统银行体系之外，互联网金融等新型金融业态蓬勃发展，总体运营稳健，丰富了金融服务的机构载体，成为缓解小微企业融资难题的重要补充。中国在实现普惠金融方面具有独特的制度与体制优势，"效率优先兼顾公平"的包容性增长理念为推动普惠金融发展奠定基础，中国特色社会主义制度的强大凝聚力为普惠金融的体系建设保驾护航。

8.1.3　普惠金融的发展必须以人为中心

8.1.3.1　普惠金融强调"金融权是人权"

普惠金融的推行意味着人们可以如同享有生存权、自由权、财产权等权利一样享有金融权，旨在为社会全体人员提供平等享受金融服务的权利，尤其是被传统金融忽视的贫困人口、小微企业等弱势群体。国家普惠金融改革试验区通过构建普惠金融体系，让所有人都能以可以承担的成本获得公平合理的金融服务，从而有效地参加到社会经济活动中，从而能够促进经济发展，提升社会公平程度。它强调的是一切有金融服务需求的群体都应享有金融服务的平等机会，实质是信贷获得权的公平，金融融资和投资权的公平。

8.1.3.2　普惠金融强调普惠"所有人群"

金融体系不能忽视发展中国家、落后地区、农村、中小企业和穷人的金融需求，也不能片面强调照顾穷人等弱势群体。普惠金融的宗旨是以可负担的成本全方位地为社会所有阶层群体，尤其是为传统金融服务的边缘人群提供金融服务（焦瑾璞等，2015）。其核心理念在于满足所有对金融服务有需求的人群，构建一个理想的金融服务体系，让所有人都能以可承担的成本获得金融服务，有效地参加到社会经济活动中，进而实现全社会的协调发展。

8.1.4　普惠金融的可持续发展

8.1.4.1　商业可持续性

尽管广泛的包容性是普惠金融的本质特征，但在开展普惠金融业务时，也要做到保本微利，以保证金融服务提供的可持续性。从目前我国各地普惠金融模式的发展经验来看，已形成了商业可持续性的基本框架。如宁波普惠金融改革试验区，通过打造"六大服务平台"即普惠金融信息服务平台、金融综合服务平台、普惠金融（移动）公共服务平台、数字化硬币自循环管理平台、助农金融服务平台、金融知识教育平台，降低了金融机构的运营成本和商业金融机构信用风险管理成本，并提高了金融服务的有效率，改善了服务质量。这对于普惠金融的重点服务对象而言，无疑可以以较低的成本和良好的便利性获得金融服务，保证了其生活和生产发展的可持续性。

8.1.4.2　合作共赢

普惠金融的服务对象决定了多元化、多层次的金融需求，但任何一家金融机构都不可能满足所有群体的金融需求。因此，金融机构之间需要加强合作，有机结合彼此之间的规模优势、专业优势和服务特点，实现风险共担、合作共赢。近年来，银保监会积极引导银行、保险和各类新型机构结合自身定位，发挥各自优势，多元化、多层次、广覆盖的普惠金融供给体系初步形成，给普惠金融的可持续奠定了坚实基础。第一，银行业金融结构发挥了主力军作用。根据《2019 年中国普惠金融发展报告》，截止到 2019 年 9 月 29 日，5 家大型银行在总行和全部 185 家一级分行成立普惠金融事业部，10 家股份制银行已设立普惠金融事业部或专职开展普惠金融业务的部门及中心。第二，保险公司发挥了保障作用。大力发展农业保险、小额人身保险、小额贷款保证保险，建立风险分散机制，为农业企业、小微企业和农户提供"保险＋融资"综合金融服务，提高保险保障水平。第三，明确各类型金融机构功能定位，引导其服务普惠。我国成立了小额贷款公司、融资担保公司、典当行、融资租赁公司、商业保理公司和地方资产管理公司六类机构的监管体制，明确各类型机构的主要业务，厘清了金融供给机构之间的相互关系。

8.2 需要认真对待处理的问题

8.2.1 商业属性与社会责任的兼顾

世界银行把企业社会责任定义为：企业与关键利益相关者的关系、价值观、遵纪守法以及尊重人、社区和环境有关的政策和实践的集合。它是企业为改善利益相关者的生活质量而贡献于可持续发展的一种承诺。企业社会责任在国际社会中越来越被看重，《财富》和《福布斯》等知名商业杂志在企业排名评比时都加上了社会责任标准，可见企业社会责任已经成为世界的潮流。而金融作为特殊的行业，承担社会责任具有举足轻重的作用，因为它的经济调节、资源配置和风险管理等功能，金融企业担负着较普通企业更为特殊的社会责任，发挥好金融在市场资源配置中的核心作用，促进经济均衡协调发展和社会福利最大化是金融最重要的社会责任。但是金融的商业属性，本身就要求它实现营利目的，追逐利润最大化。而承担社会责任必然增加公司核心的经营成本，可能引起利润的下降，如何兼顾金融的商业属性和社会责任是我们目前所面临的重大挑战之一。值得欣慰的是，不少研究也证明，履行社会责任从长期来看并不会损害企业的利益，例如波特的竞争战略理论认为，履行社会责任有利于企业在解决社会问题的同时增强竞争优势，实现可持续发展（Porter 和 Kramer，2006）。波特假说进一步阐明，从事创新活动的企业在减少环境污染、践行环境责任的同时，还提升了企业赢利能力。企业通过履行社会责任，可以提升企业价值、赢利能力、环境绩效、投资效率与市场竞争力（Flammer，2015；Ferrell，et al.，2016；Jeong，et al.，2018；Lins，et al.，2017；Benlemlih 和 Bitar，2018；Shahzad，et al.，2020）。金融企业履行社会责任取决于企业能够提供的资源，虽然履行社会责任会提高运营成本，但是金融企业承担社会责任能给企业带来广告效应，提升企业的声誉以及在消费者心目中的信赖感，从而为企业赢得新的客户，提高市场占有率，进而影响企业赢利，对金融企业长期发展来看，社会责任也是企业的重要组成部分。因此在涉及商业属性与社会责任如何兼顾的问题时，金融企业需要有正确的社会责任观，在实现公司利润目标的同时也要在自己的能力范围内，积极响应国家政策，利用试验区先行先试的制度优势和现有的良好基础履行社会责任。此外，继续推进金融机构企业社会责任制度，比如形成一个金融机构企业社会责任认证体系，将社会责任实实在在纳入金融企业的发展战略和运作中。

8.2.2　普惠金融与财政的协同

普惠金融业务普遍存在风险较大、成本较高、回报率相对较低的特点，因此，构建完善的普惠金融体系需要财政政策发挥作用。近年来，针对普惠金融的财政政策力度总体较大，大致可以分为以下三类：一是国家层面的财政支持政策，如县域金融机构涉农贷款增量奖励等；二是国家层面的税收支持政策，如农户和小型微型企业小额贷款利息收入免征增值税等；三是地方层面的财政支持政策，如小微企业信贷风险补偿等。从政策实施情况来看，存在以下几个问题：

一是对不同类型的主体，政策差别化不够。以小微企业贷款为例，为了让更多的中小微企业享受到政策红利，暂无区别对待不同的企业，以及未有针对性地出台政策以培育科技企业、促进科技企业的成长。

二是部分政策的门槛设置过高，政策实际覆盖面窄、优惠力度小。如《普惠金融发展专项资金管理办法》（以下简称《办法》）中对涉农贷款的补贴以相关贷款"增量"为基准，存在一定的不合理性。部分县域机构的涉农贷款因历史基数较大，涉农贷款增长十分困难，遇到瓶颈和转型的困难。而这些县域机构更需要普惠金融发展专项资金的支持，却由于增量达不到《办法》规定要求而得不到最恰当、最应时、最有效的支持。

三是政策的连续性不强导致金融机构预期不稳。比如 2019 年财政部明确提出已实施多年的县域金融机构涉农贷款增量奖励政策不再执行，部分金融机构认为政策取消不利于扩大涉农贷款投放。

四是政策资金的充足性难以保证。比如湖南省的涉农贷款增量奖励资金应是中央和地方按 5：5 进行配套分担，但迟迟无法实现，直到 2017 年省本级配套资金才全部到位。同时，随着我国经济下行压力加大，地方政府财政紧张问题也随之凸显，尤其是县级财政单位，因此限制了财政扶持力度，可能会对普惠金融支持对象产生一定的影响。

8.2.3　数字技术和农业转型发展的双刃剑

随着数字技术的进步与发展，各试验区积极发展数字普惠金融，充分发挥信息技术优势，取得了一定的成效。例如，河南省兰考县普惠金融改革试验区开发的"普惠金融一网通"数字普惠服务平台，不仅能解决金融服务种类少、普及面少的问题，还大大减少了金融服务的推送成本，为其余地区开展数字普惠金融提供了良好的参考与借鉴；宁波市普惠金融改革试验区大力实施数字普惠金融强基工程，着力打造数字普惠金融科技创新生态圈，为普惠金融构建完善的生态系统。创新精准的数字化融资产品和支付服务，为小微企业、"三农"和创业创新主体等提供精准化的服务，同时实现了民生领域数字支付全覆盖；福建省宁德市、龙岩市等也积极加快数字普惠金融创新应用，构建"信用信息数据库＋普惠征信＋综合金融服务"模式，为农业的转型发展奠定了基础，促进了农村新产业新业态新商业模式的发展以及农村公共服务的创新供给。总体而言，对于农业转型发展，数字技术的功能性作用主要在于：第一，通过减少化学投入品和劳动力需求，提高农业生产力和效率，创造新的市场机会来提升经济效益；第二，通过增进沟通和包容性带来社会与文化效益；第三，通过优化资源利用，适应气候变化，带来环境效益。

然而，在促进农业转型发展的同时，数字技术也是一把双刃剑，为农业的转型发展提出了挑战：在带来农业生产率提升的同时，农业数字化可能导致小农与大型农场之间出现"数字鸿沟"。因为与大型农场相比，大多数小农难以获得数字农业技术，难以承受数字技术的大额投资以及由这些投资带来的风险；数字农业还会引发企业权力和农民自治之间的冲突、数据隐私和可持续发展等一系列的问题；新技术甚至可能导致市场集中度的提高，进而引发投入品价格上涨，使小农陷入更加困难的境地。此外，我国农业农村绝大多数生产领域的数字化转型仍停留在基础建设、单向应用层面，农业农村数字化转型的短期建设与长期收益之间仍存在矛盾。基于此，为加快我国农业农村数字化转型，应大力发展普惠金融，合理布局和加快推进农村网络设施建设，补齐农村数字基础设施与服务短板；加速新产业新业态新商业模式在农村的发展，推动互联网从消费领域向生产领域全面扩张；构建面向农村的数字技能普及体系，缩小城乡之间分享数字红利机会和能力的不平等，让新一轮科技革命能够更多更公平地惠及农业农村农民。

8.2.4 不同阶段普惠金融的衔接问题

2021 年是我国全面脱贫建成小康社会的"圆梦之年"，在这关键的时点上，把握脱贫攻坚和乡村振兴之间的逻辑，做好两者之间的衔接工作具有重要意义。脱贫攻坚是乡村振兴的基础，其重点在于消除我国的"绝对贫困"，为我国在这一阶段实现乡村振兴提供有力的保障。乡村振兴是脱贫攻坚的维护，其目的在于保护我国在脱贫攻坚这一阶段所收获的硕果、进一步缩小我国城乡之间的贫富差距（汪三贵，2019）。脱贫攻坚与乡村振兴一脉相连，没有脱贫攻坚，乡村振兴就无从谈起；没有乡村振兴，脱贫攻坚就失去其意义，两者共同致力于我国共同富裕（王钊，2020）。因此，做好脱贫攻坚与乡村振兴两个阶段普惠金融的衔接有利于我国城乡全面协调发展。

推进脱贫攻坚与乡村振兴有效衔接，离不开全面深入总结脱贫攻坚经验做法，也离不开乡村振兴发展要求，应起到"承上启下"的作用（韩长赋，2018；朱永新，2020）。因此普惠金融有效衔接的重点内容应该体现在政策工具、基础设施、组织体系以及产品创新等方面，并在其中彰显"乡村振兴"这一新阶段的政策创新点。在政策工具层面，应坚持以市场为主、政策为辅，完善普惠金融政策体系，优化对市场的监管，切实保护农村居民的合法金融利益，引导并支持农村金融市场的健康发展；同时，对乡村特色产业予以资金支持和鼓励，拓宽乡村居民发展的融资渠道。在基础设施层面，应完善金融服务体系生态圈，创新发展乡村数字金融体系，让数字金融和科技金融进入乡村，提高普惠金融的便民程度与服务质量；同时加强金融素质教育，提高农村居民信用意识，并加快乡村信用体系的建设，切实降低金融机构的交易费用与违约风险，让金融机构不惜"贷"。在组织体系层面，一方面，完善金融机构在乡村的组织框架，发挥金融机构的优势互补作用；另一方面，培养当地特色产业的全产业链，用全产业链带动当地就业与经济发展。在服务与产品层面，创新更多的金融产品，尽量满足农村居民多样化的金融需求。

8.2.5　普惠金融的可持续发展问题

随着各普惠金融改革试验区工作的推进，各地区形成了自身特色的模式，但也在过程中发现了一些发展问题。分别可从供给侧、需求侧以及外部环境方面进行分析：

在供给侧方面，各机构主体认为开展普惠金融为"政策性"任务，开展业务有政府兜底，贷款审核程序不严格，不关心后续发展问题。惠普金融可持续发展需要从供给源头抓好，在放贷初始阶段出现程序、观念问题，后续的贷款收回、持续放贷必然会受到影响。因此，在供给侧资金源头，需要规范金融主体的行为与程序，拓宽普惠金融贷款权责广度与深度。金融主体由于缺乏足够的利润驱动，导致参与主动性不够。普惠金融服务的对象为弱势群体，其受客观因素影响，陷入"融资难、融资贵"困境。在短期内，金融主体为该群体提供资金的收益较低，但打开为其提供资金的敞口并形成长效机制可拓宽金融主体服务的广度与深度，形成长期效应。因此，需要改变各金融主体的"短期效益"观念。利润受到成本影响，普惠金融服务对象大多是"中小微弱"，单笔服务金额小，单个客户服务成本高，应考虑如何使用互联网、大数据、云计算、人工智能等数字技术降低成本，促进普惠金融可持续发展。金融产品与服务主体需求不适配，易于陷入融资陷阱。农业生产周期性与资金贷款不匹配，导致金融主体资金收回压力、农业经营主体还款压力较大，不利于金融主体内部资金健康循环、长周期的农业生产。贷款风险熔断机制不灵活，波及范围与时间过广，使得该区域的其余金融主体受到影响，无法获得贷款，获得贷款的稳定性较弱，进一步陷入贷款难的困境，不利于该区域金融有效持续发展。此外，金融发展需要其他更为适配的风险分担机制，在普惠金融的实际运作中要发挥政府、保险公司、担保公司等各类主体的合力，形成多样化的扶贫信贷风险分担手段和缓释措施，降低贫困治理的金融服务成本和分担贫困治理的金融风险，实现普惠金融贫困治理的可持续发展（宋彦峰，2021）。

在需求侧方面，农户信用与责任意识淡薄，难以得到持续性贷款。部分农户对普惠金融的概念、内涵认识不够清晰，简单地将普惠金融的一些惠民政策认为是国家下发的补贴，责任意识淡薄，导致机构发放的一些"普惠型"贷款无法收回，损害普惠金融发展的可持续性。各主体需积极培育信用意识，构建"信用等于财富"的良性金融生态，建立普惠金融系统化的法律框架，推进普惠金融治理体系和治理能力的现代化，推动普惠金融的可持续发展。

在外部环境方面，信息传导机制有待健全。"缺信用、缺信息"是普惠金融服务过程中的难点和信用贷款的关键点。综合金融服务平台的建设和发展是一项系统性工程，平台建设涉及部门众多，协调实现信息采集与共享，离不开政府部门、金融机构和社会相关部门协同发力。因此，需要构建有效的信息传导机制，构建良好的普惠金融外部环境。

8.3 改革思路与方向

8.3.1 金融企业要承担社会责任

"责任金融"是发展普惠金融的基础，它要求金融机构主动承担社会责任，其具体包括支持实体经济、发展绿色金融、诚信经营和维护员工利益等方面（王勇，2017）。具体如下：其一，实体经济是社会经济发展的基础，金融机构应顺应实体经济的需要和要求，为实体经济提供服务和信用供给。其二，发展绿色金融关乎我国的生态文明建设，金融机构应减少对高耗能、高污染和高排放企业的贷款，开发绿色金融产品引导企业实现绿色生产。其三，诚信经营要求金融机构不欺诈客户，不做阴阳合同，价格欺诈，充分披露金融产品和服务的信息，维护客户的合法权益，并主动承担客户的金融知识教育，真正做到满足客户的金融需求（邹靓，2015）。其四，金融机构在追求利润最大的同时，应关切员工的利益、重视员工的生活和健康水平，完善职工保障制度，让员工在工作当中实现其自我价值。此外，金融机构还应该关切周边地区的公益，为社会提供力所能及的支持与帮助。

然而，传统金融机构往往只权衡风险与收益两方面的因素而往往忽略了其所要承担的社会责任。金融机构是普惠金融的主体、是推动我国普惠金融的重要力量，我国乡村振兴的发展也离不开金融机构的参与（张宏斌，2014）。随着我国全面脱贫的完成、乡村振兴战略发展的起步，引导金融机构主动承担社会责任，服务于普惠金融，参与到农村建设的发展当中对我国经济的协调发展起到极大的促进作用。一方面，金融机构本身作为企业，其承担社会责任有利于满足社会发展的需要，促进社会的全方面协调发展；另一方面，金融机构在承担社会责任的同时，会引导企业朝着可持续的新兴行业发展并带动这些相关企业的成长和壮大，从而促成全行业的发展。

8.3.2 在技术进步与产业转型中促进普惠金融

传统金融机构在考虑提供金融服务时，往往会权衡服务对象的风险和收益。其一，由于金融机构与农户和小微企业存在着较为严重的信息不对称，一方面，信息不对称使得金融机构在放贷时往往面临较为严重的违约风险；另一方面，金融机构在降低信息不对称的过程中可能要花费较大的成本。其二，农户与小微企业的需求较为灵活且资金量较小，商业银行为其设置特定的服务必然会稀释其利润，故金融机构往往对其不予考虑，这部分对象成为金融服务的"边缘人"（李双金，2010）。而普惠金融正是要服务这一部分群体，其必然会造成金融机构利益的冲突，抑制普惠金融的发展。

"数字金融"作为科技进步的产物，其发展在一定程度上可以权衡普惠金融的要求与金融机构之间的利益。具体而言，数字金融的优势表现在以下几个方面，其一，提高金融机构服务的辐射范围。"数字金融"打破了时间空间的限制，客户依靠互联网技术即可享受到金融服务，同时也避免了金融机构在偏远地区设立营业网点的要求，降低了成本。其二，提高了信息的透明度。"数字金融"凭借着大数据优势，并通过云计算和人工智能等算法评价客户资信状况，金融机构可以根据"数字金融"提供的分析做出贷款的决策。一方面，"数字金融"技术大大提高了金融机构的审核效率并降低了成本；另一方面，"数字金融"可以通过对客户大量的历史信息进行分析，形成全方位的评价，由此提高了金融机构与客户之间的透明度。

此外，"数字金融"也提高了客户获取贷款的便捷程度，客户省去了传统烦琐的贷款审核流程，节省了其时间成本，在一定程度上也刺激了农村信贷的需求（傅秋子，2018）。以"数字金融"为代表的金融科技的发展改善了传统金融所存在的不足，拉近了金融机构和小客户之间的距离，可以认为，技术进步是推动我国普惠金融发展的重要工具，在推动我国普惠金融更上一个台阶方面发挥着积极作用。

8.3.3 围绕乡村产业振兴推动普惠金融发展

乡村产业振兴是乡村振兴的经济基础，也是农村经济发展的强大驱动力。

产业振兴具有极为丰富的内涵。其一，乡村振兴不是要求第一产业的单一发展，而是着眼于"接二连三"、一二三产业的融合、优势互补，实现功能多样、质量取胜的全方面发展（黄祖辉，2018）。其二，乡村产业发展应因地制宜，发展当地特色乡村产业，以特色产业带动当地全产业链，构筑完善的乡村产业体系（袁金辉，2017）。

我国乡村普惠金融的发展以乡村企业发展为核心，将普惠金融融入乡村振兴的人才振兴、文化振兴、生态振兴、组织振兴四个方面。其一，人才振兴是乡村振兴的重要支持。乡村地区由于金融机构不发达，加之部分乡村居民的信用信息不透明，往往难以在传统金融机构获取贷款，使得这部分人群难以在乡村实现创业发展。普惠金融应鼓励这部分人才进行创业创新，利用"数字金融"技术让他们可以享受到金融服务，鼓励乡村人才创新创业，发展乡村特色产业。其二，将普惠金融融入文化振兴，鼓励乡村发展特色文化产业，如特色文化旅游、特色手工艺品和文化博物馆等具备地方乡村文化色彩的行业，促成乡村文化与产业发展的融合。其三，将普惠金融融入生态振兴，利用资金优势引导乡村发展低耗能、低污染和低排放的环保型企业、支持有条件的地区将农村环境基础设施与特色产业、乡村旅游等有机结合，实现产业发展与人居环境改善互促互进（乔金亮，2018）。其四，将普惠金融融入组织振兴，需要营造良好的政治生态环境，为普惠金融的发展提供良好的经济制度。真正保障普惠金融所支持的乡村企业能够茁壮成长。

8.3.4　探索基于内生动力和商业可持续的普惠金融模式

普惠金融理想的发展形态应为能实现金融可持续发展的共享的金融发展方式，以更好地为多种实体经济提供灵活而全面的服务（汪晓文等，2018）。只有构建普惠金融可持续发展的长效机制才是从根本上解决小微企业、低收入人群、农民等特殊人群融资难、融资贵和融资慢的症结。国外普惠金融可持续发展的内在原因，就是金融产品的价格远高于传统商业银行的一般产品价格。但我国的普惠金融产品难以通过合理却偏高的价格，来补偿管理费用、资金成本、资金损失以及贷款损失的价格。因此，商业可持续模式要求金融机构提供金融服务的收益能够覆盖服务成本和风险，并有适当的盈利。

打造可持续的普惠金融模式需要各级政府、银保监会以及各类金融机构之间的合作，利用彼此的优势，实现风险共担、合作共赢。从政府的角度，一方面，应创造良性的市场竞争环境，为各种金融机构提供可持续发展的政策环境，保证宏观经济稳定运行；另一方面，应灵活运用政策手段，从增强市场竞争和降低交易成本两方面入手，促进普惠金融的可持续性发展。从金融机构的角度，要推动普惠金融主体的聚合，使得集合各金融机构专业优势的金融服务有望满足传统模式下对于单一金融机构而言不经济的金融需求，改变金融服务的成本和风险水平；要提供合理均衡的金融服务，聚焦非自愿金融排斥人群中有真正金融服务需求者，因地制宜地进行产品创新，提供适当的金融服务；要利用各自优势进行差异化发展，避免恶性竞争，防止普惠金融领域优势客户重复和过度授信造成的信贷资源过度集中，尤其要防止普惠金融领域的风险演化为区域性、系统性风险。从监管部门的角度，要兼行合理监管与灵活调控，及时整治市场乱象，维护市场秩序，督促各从业机构合规发展、持续创新、公平竞争，灵活调整金融服务使用成本的标准，让消费者有多样化选择的机会，保障消费者权益，确保行业的规范、合规发展。

8.3.5　政府政策与普惠金融

当前我国的普惠发展仍处于起步阶段，发展普惠金融难免会遇到风险和挫折，在此过程中离不开政府的引导、支持与监管。首先，政府应当完善普惠金融政策的指导方针，引导社会落实普惠金融实践。《经济参考报》指出在实践当中基层在执行普惠金融政策时缺乏弹性，使得客户对普惠金融的服务体验较差（项银涛，2020）。为此，政府在实施普惠金融政策时，不能"一刀切"，应当贴近地方实际，引导基层开展普惠金融实践。譬如，通过建立农村社会金融服务站深入乡村内部了解农户的真实金融需求，通过政策引导金融机构开发具有针对性的服务与产品。其次，政府应该设立风险补偿机制，鼓励金融机构开展普惠金融业务。普惠金融的发展难免会与金融机构的利益存在冲突，需要有政府承担一定的风险成本以免除金融机构开展普惠金融业务的"后顾之忧"（孙国茂，2017）。譬如，政府可以通过设置普惠金融风险补偿基金，用以补偿金融机构在开展普惠金融业务时的一定损失。再次，政府应当开展金融素质教育，提高全民金融素养。我国乡村由于存在较为严重的金融排斥，使得农村居民的金融意识单薄（粟芳，2016）。让人们形成一种良好的金融理念和信用意识，有利于理解和接受普惠金融业务的开展，形成较好的普惠金融实施环境。最后，如同一般金融一样，普惠金融的实行需要政府机构的监管。银保监会消保局曾披露多起金融机构以"普惠金融"的旗号欺诈小微企业（陆敏，2020），长期以往必然会给社会产生一个不良预期，阻碍普惠金融的发展。政府应当加大对普惠金融的审核力度，打击以普惠金融为名的违规金融机构；另一方面，坚决打击利用普惠金融的套利行为，让普惠金融能够真正普惠社会大众群体。

参 考 文 献

阿西夫·道拉，迪帕尔·巴鲁阿，2007. 穷人的诚信：第二代格莱珉银行的故事 [M]. 北京：中信出版社.

北京大学数字金融研究中心课题组，2017. 数字普惠金融的中国实践 [M]. 北京：中国人民大学出版社.

贝多广，张锐，2017. 包容性增长背景下的普惠金融发展战略 [J]. 经济理论与经济管理 (2)：5-12.

布德拉吉·瑞，2002. 发展经济学 [M]. 北京：北京大学出版社.

陈兵，2014. "二战"后日本农业产业政策的演进及其启示——以相关立法为中心的解说 [J]. 农业经济问题，35 (4)：94-100，112.

陈放，2018. 乡村振兴进程中农村金融体制改革面临的问题与制度构建 [J]. 探索 (3)：163-169.

陈俭，2020. 新中国金融体系演变的历程、经验与展望 [J]. 社会科学动态 (11)：5-13.

陈明华，刘华军，孙亚男，2016. 中国五大城市群金融发展的空间差异及分布动态：2003—2013 年 [J]. 数量经济技术经济研究，33 (7)：130-144.

陈宗义，2017. 普惠金融的内涵解析与发展路径——基于"范式"的视角 [M]. 北京：经济科学出版社.

陈宗义，2017. 普惠金融的内涵解析与发展路径——基于范式视角 [M]. 北京：经济科学出版社.

程士强，2018. 制度移植何以失败?——以陆村小额信贷组织移植"格莱珉"模式为例 [J]. 社会学研究，33 (4)：84-108，243-244.

程翔，王曼怡，田昕，康萌萌，2018. 中国金融发展水平的空间动态差异与影响因素 [J]. 金融论坛，23 (8)：43-54.

董晓林，徐虹，2012. 我国农村金融排斥影响因素的实证分析——基于县域金融机构网点分布的视角 [J]. 金融研究 (9)：115-126.

董晓林，朱敏杰，2016. 农村金融供给侧改革与普惠金融体系建设 [J]. 南京农业大学学报 (社会科学版) (6)：14-18，152.

杜晓山，2009. 我国小额信贷发展报告 [J]. 农村金融研究 (2)：37-44.

杜晓山，2006. 小额信贷的发展与普惠性金融体系框架［J］. 中国农村经济（8）：70 - 73，78.

杜晓山，2010. 小额信贷与普惠金融体系［J］. 中国金融（10）：14 - 15.

杜晓山，2013. 中国小额信贷和普惠金融的发展现状及挑战［J］. 博鳌观察（4）：84 - 87.

杜晓山，张睿，王丹，2017. 执着地服务穷人——格莱珉银行的普惠金融实践及对我国的启示——兼与《格莱珉银行变形记："从普惠金融到普通金融"》商榷［J］. 南方金融（3）：3 - 13.

方成，曹业伟，刘庆玫，陈小强，徐一丁，楚建民，孙文君，2001. 日本的农业信用担保保险制度［J］. 农业发展与金融（1）：39.

冯兴元，孙同全，张玉环，董翀，2019. 农村普惠金融研究［M］. 北京：中国社会科学出版社.

傅秋子，黄益平，2018. 数字金融对农村金融需求的异质性影响——来自中国家庭金融调查与北京大学数字普惠金融指数的证据［J］. 金融研究（11）：68 - 84.

高晓红，2006. 中国农村金融：市场演进与内生成长的逻辑［D］. 北京：中国人民大学.

郭华，张洋，彭艳玲，何忠伟，2020. 数字金融发展影响农村居民消费的地区差异研究［J］. 农业技术经济（12）：66 - 80.

韩长赋，2018. 实施乡村振兴战略推动农业农村优先发展［N］. 人民日报，08 - 27（007）.

韩俊，罗丹，程郁，2007. 信贷约束下农户借贷需求行为的实证研究［J］. 农业经济问题（2）：44 - 52.

韩瑞栋，薄凡，2020. 区域金融改革能否缓解资本配置扭曲［J］. 国际金融研究（10）：14 - 23.

韩喜平，金运，2014. 中国农村金融信用担保体系构建［J］. 农业经济问题（3）：37 - 43，110 - 111.

何德旭，苗文龙，2015. 金融排斥、金融包容与中国普惠金融制度的构建［J］. 财贸经济（3）：5 - 16.

何光辉，杨咸月，2011. 印度小额信贷危机的深层原因及教训［J］. 经济科学（4）：107 - 118.

何广文，何婧，郭沛，2018. 再议农户信贷需求及其信贷可得性［J］. 农业经济问题（2）：38 - 49.

何问陶，王松华，2008. 国有商业银行机构撤并、信息不对称、地理距离与地缘信贷配给［J］. 贵州财经大学学报（3）：62 - 66.

黄晓红，2009. 基于信号传递的农户声誉对农户借贷结果影响的实证研究［J］. 经济经纬（3）：108 - 111.

黄祖辉，2018. 准确把握中国乡村振兴战略［J］. 中国农村经济（4）：2 - 12.

焦瑾璞，2010. 构建普惠金融体系的重要性 [J]. 中国金融 (10)：12 - 13.

焦瑾璞，2010. 构建普惠金融体系 让更多人享受现代金融 [J]. 今日财富（金融发展与监管）(9)：6 - 9.

焦瑾璞，2014. 普惠金融的国际经验 [J]. 中国金融 (10)：68 - 70.

焦瑾璞，黄亭亭，汪天都，张韶华，王瑱，2015. 中国普惠金融发展进程及实证研究 [J]. 上海金融 (4)：12 - 22.

景普秋，郝凯，刘育波，2021. 城乡金融发展差异及其收入分配效应分析 [J]. 当代经济研究 (1)：89 - 99.

李建军，杜宏，2017. 浅析近年来孟加拉国经济发展及前景 [J]. 南亚研究季刊 (4)：65 - 74，5 - 6.

李明贤，叶慧敏，2012. 普惠金融与小额信贷的比较研究 [J]. 农业经济问题，33 (9)：44 - 49，111.

李树，鲁钊阳，2014. 中国城乡金融非均衡发展的收敛性分析 [J]. 中国农村经济 (3)：27 - 35，47.

李树杰，2007. 孟加拉格莱珉小额信贷银行二次创业的经验 [J]. 金融经济 (6)：56 - 57.

李双金，2010. 小额贷款与妇女发展及其政策启示 [J]. 上海经济研究 (7)：55 - 59.

李扬，2017. "金融服务实体经济" 辨 [J]. 经济研究，52 (6)：4 - 16.

栗华田，2002. 印度的农村金融体系和印度农业与农村发展银行 [J]. 农业发展与金融 (7)：44 - 45.

梁榜，张建华，2018. 中国普惠金融创新能否缓解中小企业的融资约束 [J]. 中国科技论坛 (11)：94 - 105.

梁骞，朱博文，2014. 普惠金融的国外研究现状与启示——基于小额信贷的视角 [J]. 中央财经大学学报 (6)：38 - 44.

林春，康宽，孙英杰，2019. 中国普惠金融的区域差异与极化趋势：2005—2016 [J]. 国际金融研究 (8)：3 - 13.

刘西川，黄祖辉，程恩江，2009. 贫困地区农户的正规信贷需求：直接识别与经验分析 [J]. 金融研究 (4)：36 - 51.

刘洋，2016. 日本城市化过程中农地保障政策及对中国的启示 [J]. 社会科学辑刊 (1)：109 - 116.

陆凤芝，黄永兴，徐鹏，2017. 中国普惠金融的省域差异及影响因素 [J]. 金融经济学研究，32 (1)：111 - 120.

陆岷峰，徐博欢，2019. 普惠金融：发展现状、风险特征与管理研究 [J]. 当代经济管理 (3)：73 - 79.

陆敏，2020. 不能让普惠金融变了味 [N]. 经济日报，11 - 30 (003).

米运生，廖祥乐，石晓敏，曾泽莹，2018. 动态激励、声誉强化与农村互联性贷款的自我履约 [J]. 经济科学（3）：102-115.

米运生，吕长宋，2014. 农村金融的新范式：金融联结 [M]. 北京：经济科学出版社.

聂辉华，2017. 契约理论的起源、发展和分歧 [J]. 经济社会体制比较（1）：1-13.

聂颖，2018. 改革开放40年中国保险业的发展回顾 [J]. 中国保险（10）：7-12.

彭宝玉，谢桂珍，魏雪燕，何月娟，2016. 中国区域经济、金融发展差异分析 [J]. 地域研究与开发，35（4）：1-5，11.

彭澎，徐志刚，2021. 数字普惠金融能降低农户的脆弱性吗 [J]. 经济评论（1）：82-95.

乔金亮，2018. 乡村生态振兴从环境整治做起 [N]. 经济日报，04-28（002）.

清水徹朗，乔禾，2016. 日本农业政策与农协改革相关动向及日本农业的未来展望 [J]. 世界农业（8）：95-101.

宋晓玲，2017. 数字普惠金融缩小城乡收入差距的实证检验 [J]. 财经科学（6）：14-25.

宋彦峰，2021. 普惠金融防止返贫的响应机理及长效机制——基于贫困脆弱性视角 [J]. 南方金融（3）：29-37.

粟芳，方蕾，2016. 中国农村金融排斥的区域差异：供给不足还是需求不足——银行、保险和互联网金融的比较分析 [J]. 管理世界（9）：70-83.

粟勤，孟娜娜，2018. 县域普惠金融发展的实际操作：由豫省兰考生发 [J]. 改革（1）：149-159.

粟勤，魏星，2017. 金融科技的金融包容效应与创新驱动路径 [J]. 理论探索（5）：91-97，103.

孙国茂，2017. 尽快推进普惠金融制度体系建设 [N]. 经济参考报，03-03（008）.

唐松，伍旭川，祝佳，2020. 数字金融与企业技术创新——结构特征、机制识别与金融监管下的效应差异 [J]. 管理世界（5）：52-66，9.

唐涯，陆佳仪，2016. 变味的"穷人银行" [EB/OL]. https://mp. weixin. qq. com/s/dGeG9Z_ZB0nLEfZ0mmeaSA. 2016-11-20.

田向利，2003. 经济增长与社会发展理念的演进——从 GDP、HDI、GGDP 概念的应用看人类发展观的变革 [J]. 经济学动态（12）：16-17.

托尔斯滕·贝克，阿斯利·德米尔居奇-昆特，罗斯·莱文，栾天虹，刘雯雯，2004. 法律，政治和金融 [J]. 经济社会体制比较（3）：96-105.

汪三贵，冯紫曦，2019. 脱贫攻坚与乡村振兴有机衔接：逻辑关系、内涵与重点内容 [J]. 南京农业大学学报（社会科学版），19（5）：8-14，154.

汪晓文，叶楠，李紫薇，2018. 普惠金融的政策导向与引领——以税收为例 [J]. 宏观经济研究（2）：21-29.

王爱俭，方云龙，王璟怡，2019. 金融开放40年：进程、成就与中国经验 [J]. 现代财经

（天津财经大学学报），39（3）：3-15.

王国刚，2018. 从金融功能看融资、普惠和服务"三农"[J]. 中国农村经济（3）：2-14.

王曙光，王东宾，2011. 双重二元金融结构、农户信贷需求与农村金融改革——基于11省14县市的田野调查 [J]. 财贸经济（5）：38-44，136.

王馨，王营，2021. 绿色信贷政策增进绿色创新研究 [J]. 管理世界（6）：173-188，11.

王勇，2017. 责任金融将成为金融机构的新使命 [N]. 证券时报，12-15（A03）.

王钊，2020. 传递好脱贫攻坚与乡村振兴的"接力棒" [N]. 民主协商报，11-27（001）.

蔚垚辉，曹宇波，耿振，2016. 普惠金融体系下农村小额信贷发展研究——以山西省农村小额信贷为例 [J]. 经济问题（6）：85-88.

吴璐，李富昌，2017. 论格莱珉银行的经营模式及盈利因素 [J]. 时代金融（23）：123，130.

吴晓灵，2018. 推动普惠金融事业发展 促进社会和谐进步 [N]. 金融时报，09-28（001）.

武志，2010. 金融发展与经济增长：来自中国的经验分析 [J]. 金融研究（5）：58-68.

项银涛，2020. 有效提高普惠金融政策直达性 [N]. 经济参考报，07-07（001）.

谢地，苏博，2021. 数字普惠金融助力乡村振兴发展：理论分析与实证检验 [J]. 山东社会科学（4）：24-30.

谢伏瞻，刘伟，王国刚，张占斌，黄群慧，魏后凯，张车伟，张晓晶，政武经，佟家栋，龚六堂，洪永淼，2020. 奋进新时代开启新征程——学习贯彻党的十九届五中全会精神笔谈（上）[J]. 经济研究（12）：4-45.

谢世清，陈方诺，2017. 农村小额贷款模式探究——以格莱珉银行为例 [J]. 宏观经济研究（1）：148-155.

星焱，2016. 普惠金融：一个基本理论框架 [J]. 国际金融研究（9）：21-37.

熊正德，顾晓青，魏唯，2021. 普惠金融发展对中国乡村振兴的影响研究——基于C-D生产函数的实证分析 [J]. 湖南社会科学（1）：63-71.

徐诺金，2020. 普惠金融的兰考探索及创新 [J]. 当代金融家（12）：77-80.

许英杰，石颖，2014. 中国普惠金融实践发展、现状及方向 [J]. 西南金融（6）：28-30.

杨东，2018. 监管科技：金融科技的监管挑战与维度建构 [J]. 中国社会科学（5）：69-91，205-206.

叶兴庆，翁凝，2018. 拖延了半个世纪的农地集中——日本小农生产向规模经营转变的艰难历程及启示 [J]. 中国农村经济（1）：124-137.

尹志超，公雪，潘北啸，2019. 移动支付对家庭货币需求的影响——来自中国家庭金融调查的微观证据 [J]. 金融研究（10）：40-58.

尹志超，张栋浩，2020. 金融普惠、家庭贫困及脆弱性 [J]. 经济学（季刊）（5）：153-172.

于培伟，2007. 日本的城乡统筹共同发展 [J]. 宏观经济管理（9）：72-74.

袁金辉，2017. 实施乡村振兴战略的五大着力点 [N]. 学习时报，11-06.

曾刚，何炜，李广子，贺霞，2019. 中国普惠金融创新报告（2019）[M]. 北京：社会科学文献出版社.

张成思，刘贯春，2015. 经济增长进程中金融结构的边际效应演化分析 [J]. 经济研究，50（12）：84-99.

张宏斌，2014. 普惠金融的主客体关系及实现方式 [N]. 金融时报，05-29（010）.

张季风，1995. 战后日本五十年农政变迁与展望 [J]. 外国问题研究（Z1）：11-15.

张沁岚，杜志雄，2017. 战后日本农业政策金融的发展动向及对我国的启示 [J]. 江淮论坛（2）：5-14，2.

张睿，杜晓山，王丹，2017. 格莱珉银行如何"精准扶贫"[N]. 金融时报，05-04（002）.

赵丙奇，2021. 普惠金融减贫效应研究——基于 31 个省市数据的实证分析 [J]. 社会科学战线（6）：99-107.

赵岩青，何广文，2008. 声誉机制、信任机制与小额信贷 [J]. 金融论坛（1）：33-40.

郑克强，徐丽媛，2014. 中部革命老区（贫困地区）经济社会发展的 SWOT 分析 [J]. 企业经济（9）：117-123.

中国人民银行农户信贷情况问卷调查分析小组，2010. 农户借贷情况问卷调查分析报告 [M]. 北京：经济科学出版社.

周脉伏，徐进前，2004. 信息成本、不完全契约与农村金融机构设置——从农户融资视角的分析 [J]. 中国农村观察（5）：38-43，79-80.

周孟亮，李明贤，2011. 普惠金融视野下大型商业银行介入小额信贷的模式与机制 [J]. 改革（4）：47-54.

周孟亮，李明贤，2015. 普惠金融与"中国梦"：思想联结与发展框架 [J]. 财经科学（6）：11-20.

周小川，2013. 践行党的群众路线 推进包容性金融发展 [J]. 求是（18）：11-14.

朱永新，2020. 推进全面脱贫与乡村振兴有效衔接 [N]. 人民日报，09-22（005）.

纵玉英，刘艳华，2017. 中国普惠金融发展的理论框架及路径——一个文献综述 [J]. 河北地质大学学报，40（6）：105-112.

邹靓，2007. 上海银监局首发金融企业社会责任指引 [N]. 上海证券报，04-12（A04）.

Akerlof, G, 1970. The Market for "Lemons"：Quality and the Market Mechanism [J]. Quarterly Journal of Economics，94：488-500.

Armendáriz, B., & Morduch, L., 2010. The Economics of Microfinance [M]. Cambridge：MIT Press.

Banerjee A. V., & Newman, A. F., 1993. Occupational Choice and the Progress of Development [J]. Journal of Political Economy, 101: 274 – 298.

Bateman, M., 2014. The Rise and Fall of Muhammad Yunus and the Microcredit Model [R]. SSRN Electronic Journal, 1 – 36. Available at https://papers. ssrn. com/sol3/Delivery. cfm/SSRN_ID2385190_code2022134. pdf?abstractid=2385190&mirid=1.

Benlemlih, M., &. Bitar, M., 2018. Corporate Social Responsibility and Investment Efficiency [J]. Journal of Business Ethics, 148 (3): 647 – 671.

Besley, T., &. Coate, S., 1995. Group Lending, Repayment Incentives and Social Collateral [J]. Journal of Development Economics, 46 (1), 1 – 18.

Bhole, B., &. Ogden, S., 2010. Group Lending and Individual Lending with Strategic Default [J]. Journal of Development Economics, 91 (2), 348 – 363.

CGAP, 2011. CGAP Annual Report 2011: Advancing Financial Access for the World's Poor [R]. Washington, DC: World Bank, 2011. Available at https://www. cgap. org/sites/default/files/organizational – documents/CGAP – Annual – Report – Dec – 2011. pdf.

CGAP, 2017. CGAP Annual Report 2017: Advancing Financial Inclusion for Improve the Lives of the Poor [R]. Washington, DC: World Bank. Available at https://www. cgap. org/sites/default/files/organizational – documents/CGAP – FY17 – Annual – Report. pdf.

CGAP, 2013. CGAP Annual Report 2013: Advancing Financial Inclusion for Improve the Lives of the Poor [R]. Washington, DC: World Bank. Available at https://www. cgap. org/sites/default/files/organizational – documents/FY2013 – CGAP – Annual – Report – Jan –2014. pdf.

CGAP, 2003. CGAP Annual Report 2003: Building Financial Services for the Poor [R]. Washington, DC: World Bank. Available at https://www. cgap. org/sites/default/files/CGAP – Annual – Report – Dec – 2003. pdf.

CGAP, 2004. CGAP Annual Report 2004: Building Financial Systems for the Poor [R]. Washington, DC: World Bank. Available at https://www. cgap. org/sites/default/files/CGAP – Annual – Report – Dec – 2004. pdf.

CGAP, 2007. CGAP Annual Report 2007: Building Financial Systems that Work for the Poor [R]. Washington, DC: World Bank. Available at https://www. cgap. org/sites/default/files/CGAP – Annual – Report – Dec – 2007. pdf.

CGAP, 2005. CGAP Annual Report 2005 [R]. Washington, DC: World Bank. Available at https://www. cgap. org/sites/default/files/CGAP – Annual – Report – Dec – 2005. pdf.

CGAP, 2006. CGAP Annual Report 2006 [R]. Washington, DC: World Bank. Available at https://www. cgap. org/sites/default/files/CGAP – Annual – Report – Dec – 2006. pdf.

CGAP, 2001. CGAP Annual Report 2001 [R]. Washington, DC: World Bank. Available at https://www. cgap. org/sites/default/files/CGAP – Annual – Report – Dec – 2001. pdf.

CGAP, 2018. CGAP Strategic Directions FY2019—2023: Empowering Poor People to Capture Opportunities and Build Resilience through Financial Services [R]. Washington, DC: World Bank. Available at https://www. cgap. org/sites/default/files/organizational – documents/CGAP_VI_Strategy_Final. pdf.

CGAP, 2006. Rural Credit Cooperatives in China [R]. PlaNet Finance. Available at http://www. microfinancegateway. org/gm/document – 1. 9. 26797/76. pdf.

Coke, R, 2002. Microfinance Borrower Default: Evidence from the Philippines [R]. Washington D. C. : American University.

Conning, J. , & Udry, C. , 2007. Rural Financial Markets in Developing Countries [J]. In: Handbook of Agricultural Economics, 3: 2857 – 2908.

Corrado, G. , & Corrado, L. , 2017. Inclusive Finance for Inclusive Growth and Development [J]. Current Opinion in Environmental Sustainability, 24: 19 – 23.

Cull R. , 2013. Banking the World: Empirical Foundations of Financial Inclusion [M]. Cambridge: MIT Press.

Cull R. , Demirgüç – Kunt, A. , & Morduch, J. , 2009. Microfinance Meets the Market [J]. Journal of Economic Perspectives, 23 (1): 167 – 192.

Ferrell, A. , Liang, H. , & Renneboog, L. , 2016. Socially Responsible Firms [J]. Journal of Financial Economics, 122 (3): 585 – 606.

Flammer, C. , 2015. Does Corporate Social Responsibility Lead to Superior Financial Performance A Regression Discontinuity Approach [J]. Management Science, 61 (11): 2549 – 2568.

FSA, 2000. In or out? Financial Exclusion: A Literature and Research Review [R]. London: Financial Services Authority, Consumer Research Paper3.

Gardener, T. , Molyneux, P. , & Carbo, S. , 2004. Financial Exclusion: Comparative Experiences and Developing Research [C]. The World Savings Bank Institute and The World Bank Conference on "Access to Finance", Brussels.

Ghatak, M. , & Guinnane, T. W. , 1999. The Economics of Lending with Joint Liability: Theory and Practice [J]. Journal of Development Economics, 60 (1): 195 – 229.

Grameen Bank. , 2017. Grammeen Bank Monthly Update in USMYM [R]. May, 2017. Available at http://www. grameen – info. org/monthly – reports – 05 – 2017/.

Greenwood, J. , & Smith, B. D. , 1997. Financial Markets in Development, and the Development Financial Markets [J]. Journal of Economic Dynamics and Control, 21 (1):

145 - 181.

Hollis, A. , & Sweetman, A. , 2004. Microfinance and Famine: The Irish Loan Funds during the Great Famine [J]. World Development, 32 (9): 1509 - 1523.

Ianchovichina, E. , & Lundstrom, S. , 2009. Inclusive Growth Analytics: Framework and Application [R]. The World Bank.

Islam, M. E. , 2015. Inclusive Finance in the Asia - Pacific Region: Trends and Approaches [R]. MPDD Working Paper WP/15/07. Addis Ababa: ESCAP. Available at https://www. unescap. org/sites/default/files/7 - ESCAP_Financial%20inclusion_July2015_share_3. pdf.

Jeong, K. H. , Jeong, S. W. , & Lee, W. J. , 2018. Permanency of CSR Activities and Firm Value [J]. Journal of Business Ethics, 152 (1): 207 - 223.

Karmakar, K. G. , 2008. Microfinance in India [M]. Sage Publications Pvt Ltd.

Kempson, E. , 2000. In or out? Financial Exclusion: A Literature and Research Review [R]. London: Financial Services Authority. Consumer Research Paper3.

Khandker, S. R. , 1998. Fighting Poverty with Microcredit: Experience in Bangladesh [M]. New York: The World Bank.

King, R. G. , & Levine, R. , 1993. Finance and Growth: Schumpeter Might be Right [J]. Quarterly Journal of Economics, 108: 717 - 737.

Kreps, D. M. , Milgrom, P. , Roberts, J. , & Wilson, R. , 1982. Rational Cooperation in the Finitely Repeated Prisoners' Dilemma [J]. Journal of Economic Theory, 27 (2): 245 - 252.

Laffont, J. J. , & Rey, P. , 2003. Moral Hazard, Collusion and Group Lending [R]. IDEI Working Paper, Toulouse and University of Southern California. Available at http://idei. fr/sites/default/files/medias/doc/by/rey/moral_hazard. pdf.

Levine, R. , 2005. Finance and Growth: Theory and Evidence [J]. Handbook of Economic Growth, 1: 865 - 934.

Leyshon, A. , & Thrift, N. , 1994. Access to Financial Services and Financial Infrastructure with Drawal: Problems and Policies [J]. Area, 26: 268 - 275.

Leyshon A. , & Thrift, N. , 1993. The Restructuring of the UK Financial Services Industry in the 1990s: A Reversal of Fortune [J]. Journal of Rural Studies, 9 (3): 223 - 241.

Lins, K. V. , Servaes, H. , & Tamayo, A. , 2017. Social Capital, Trust, and Firm Performance: The Value of Corporate Social Responsibility during the Financial Crisis [J]. The Journal of Finance, 72 (4): 1785 - 1824.

Malhotra, Mohini, Mukherjee, & Joyita. , 1998. The Consultative Group to Assist the Poorest: a Microfinance Program [R]. CGAP. Available at http://documents. worldbank. org/curated/en/713191468336021501/pdf/185960BRI0REPL019980Box13000PUBLIC0. pdf.

Matsui, N. , &. Tsuboi, H. , 2015. Microcredit, Inclusive Finance and Solidarity. Solidarity Economy and Social Business [M]. Springer Japan.

Meyer, R. L. , &. Nagaraja, G. , 1999. Rural Financial Markets in Asia: Policies, Paradigms and Performance [M]. Oxford University Press.

Morduch, J. , 1999. The Microfinance Promise [J]. Journal of Economic Literature, 37 (4): 1569 - 1614.

Morduch, J. , 1999. The Role of Subsidies in Microfinance: Evidence from the Grameen Bank [J]. Journal of Development Economics, 60 (October): 229 - 248.

NABARD, 2018. Status of Microfinance in India [R]. Available at https://www. nabard. org/auth/writereaddata/tender/1607201015NABARD% 20SMFI% 202019 - 20 _ compressed. pdf.

NABARD, 2016. The Bharat Microfinance Report 2016 [R]. Available at https://moneymint. com/wp - content/uploads/2020/08/The - Bharat - Microfinance - Report - 2016. pdf.

Porter, M. E. , &. Kramer, M. R. , 2006. Strategy and Society the Link between Competitive Advantage and Corporate Social Responsibility [J]. Harvard Business Review, 84 (12): 78 - 92.

Rathnija, A. , &. Shanuki, G. , 2010. Financial Inclusion and Inclusive Growth: What Does it Mean for Sri Lanka? [M]. The World Bank.

Robert, C. , 2013. Banking the World: Empirical Foundations of Financial Inclusion [M]. Cambridge: MIT Press.

Robert, C. , Asli, D. K. , &. Jonathan, M. , 2009. Microfinance Meets the Market [J]. Journal of Economic Perspectives, 23 (1): 167 - 192.

Rome. , 1996. Collateral in Rural Loans [R]. ALIDE, FAO.

Salomon, A. , &. Forges, F. , 2015. Bayesian Repeated Games and Reputation [J]. Journal of Economic Theory, 159: 70 - 104.

Services, A. D. , &. Nair, T. S. , 2014. Inclusive Finance India Report 2014 [R]. Available at https://www. accessdev. org/wp - content/uploads/2017/07/State - of - the - Sector - Report - 2014. pdf.

Shahzad, M. , Qu, Y. , &. Rehman, S. U. , 2020. Impact of Knowledge Absorptive Capacity on Corporate Sustainability with Mediating Role of CSR: Analysis from the Asian Context [J]. Journal of Environmental Planning and Management, 63 (2): 148 - 174.

Sherman, C. , 2004. Financial Exclusion in Australia [R]. The Third Australian Society of

Heterodox Economists Conference, University of New South Wales.

Stiglitz, J. E. , & Weiss, A. , 1981. Credit Rationing in Market with Imperfect Information [J]. The American Economic Review, 71 (3): 393 – 419.

Stiglitz, J. E. , 1990. Peer Monitoring and Credit Markets [J]. World Bank Economic Review, 4 (3): 351 – 366.

Tadelis, S. , 2002. The Market for Reputation as an Incentive Mechanism [J]. The Journal of political economy, 4: 854 – 882.

Tassel, E. V. , 1999. Group Lending under Asymmetric Information [J]. Journal of Development Economics, 60 (1): 3 – 25.

Tedeschi, G. A. , 2006. Here Today, Gone Tomorrow: Can Dynamic Incentives Make Microfinance More Flexible [J]. Journal of Development Economics, 80 (1): 84 – 105.

Terberger, E. , 2012. The Microfinance Approach: Does It Deliver on Its Promise [J]. Swiss Journal of Business Research & Practice, 66 (4): 358 – 370.

Varian, H. , 1990. Monitoring Agents with Other Agents [J]. Journal of Institutional and Theoretical Economics, 146 (1): 153 – 174.

Wahid, A. , 2010. The Grameen Bank and Poverty Alleviation in Bangladesh: Theory, Evidence and Limitations Theory, Evidence and Limitations [J]. American Journal of Economics & Sociology, 53 (1): 1 – 15.

World Bank, 2014. Global Financial Development Report 2014: Financial Inclusion [R]. Washington. Available at http://documents. worldbank. org/curated/en/225251468330270218/ pdf/Global – financial – development – report – 2014 – financial – inclusion. pdf.

图书在版编目（CIP）数据

普惠金融改革试验区：理论与实践 / 张沁岚著. —
北京：中国农业出版社，2022.5
（普惠金融与"三农"经济研究系列丛书）
ISBN 978 - 7 - 109 - 29371 - 7

Ⅰ.①普… Ⅱ.①张… Ⅲ.①农村金融改革－研究－
中国 Ⅳ.①F832.35

中国版本图书馆 CIP 数据核字（2022）第 071531 号

中国农业出版社出版
地址：北京市朝阳区麦子店街 18 号楼
邮编：100125
责任编辑：闫保荣
版式设计：王 晨 责任校对：刘丽香
印刷：北京中兴印刷有限公司
版次：2022 年 5 月第 1 版
印次：2022 年 5 月北京第 1 次印刷
发行：新华书店北京发行所
开本：700mm×1000mm 1/16
印张：12.75
字数：230 千字
定价：72.00 元

版权所有·侵权必究
凡购买本社图书，如有印装质量问题，我社负责调换。
服务电话：010 - 59195115 010 - 59194918